误差谱理论及其在导弹系统性能评估中的应用

彭维仕 著

国防工业出版社

·北京·

内 容 简 介

本书全面介绍了误差谱理论的最新研究成果，详细讨论了误差谱理论在导弹系统性能评估中的应用成果，既包括理论分析，又包括工程实现技术，旨在突出前沿学科交叉和军事应用背景，注重基础理论知识阐述，力求使广大读者快速掌握误差谱理论、计算方法和评估技术。本书可作为高等院校兵器科学与技术、军事装备学、数据挖掘、信息融合和类似专业的研究生教材，以及系统评价方法类、管理工程类专业和其他相关专业的高年级本科生教材，也可供效能评估领域的科技工作者和工程技术人员等阅读参考。

图书在版编目(CIP)数据

误差谱理论及其在导弹系统性能评估中的应用/彭维仕著. —北京：国防工业出版社，2022.10
ISBN 978 – 7 – 118 – 12545 – 0

Ⅰ.①误… Ⅱ.①彭… Ⅲ.①误差理论—应用—导弹系统—评估 Ⅳ.①TJ76

中国版本图书馆 CIP 数据核字(2022)第 175953 号

※

国防工业出版社出版发行
(北京市海淀区紫竹院南路 23 号　邮政编码 100048)
北京虎彩文化传播有限公司印刷
新华书店经售

*

开本 710 × 1000　1/16　印张 12½　字数 220 千字
2022 年 10 月第 1 版第 1 次印刷　印数 1—1000 册　定价 78.00 元

(本书如有印装错误，我社负责调换)

国防书店：(010)88540777　　　书店传真：(010)88540776
发行业务：(010)88540717　　　发行传真：(010)88540762

前　言

随着现代战争样式的多样化以及科学技术的不断发展,导弹武器系统的性能也逐渐提高。导弹系统性能评估是导弹试验分析与评估中的核心问题之一,对导弹的试验设计与定型并装备部队有重要的理论意义和应用价值。导弹系统的性能评估通常情况下需要利用仿真数据、半实物仿真数据或者大量的靶场试验数据。但在靶场试验中,由于异常数据的存在,很可能淹没正常的数据信息,从而影响导弹系统性能的准确分析、检验和评估。通常人们对异常数据的处理是凭经验和直觉将其剔除,这样存在两方面的不足:一方面,剔除异常点,减少了样本量;另一方面,在某些情况下异常数据恰好反映了系统的特殊信息,不应被随意剔除,尤其是对于导弹试验这种小子样试验,更加不能随意地剔除试验数据。

近年来,针对估计性能评估中异常值的问题,国际著名信息融合专家李晓榕教授提出了误差谱度量方法。误差谱是一种综合的性能评估度量方法,它将多个常用的性能评估度量方法统一到一个数学模型中,用曲线的形式综合反映被估对象的性能。

本书内容共9章,由两部分组成。第一部分为误差谱理论研究,主要包括5章。第1章主要分析性能评估、导弹系统性能评估的研究现状;第2章详细介绍了目前最新的误差谱度量方法;第3章深入分析了目前动态误差谱度量方法的特点和性质;第4章和第5章深入研究了误差谱度量方法的计算方法。第二部分为误差谱理论的应用研究,主要包括4章。第6章主要将误差谱应用于空地导弹系统命中精度,建立了评估的模型,给出了评估的基本流程;第7章将增强误差谱应用于空地导弹系统导航精度评估,建立了空地导弹系统导航精度评估的模型;第8章提出了一种基于PF理论的空地导弹系统性能评估方法,该方法能快速地给出评估结果;第9章提出了基于排序向量和雷达图法的空地导弹系统性能评估方法,该方法利用排序向量法确定指标权重和用雷达图法进行评估,能够直观地给出最终的评估结果。

本书的出版得到了国家自然科学基金项目(项目编号:71801222)、全国博士后创新人才支持计划(项目编号:BX201700104)和陕西省自然科学基金项目(项目编号:2018JQ6019)经费的资助,在此表示衷心的感谢。

  本书在编写过程中,得到了空军工程大学李应红院士、吴云教授、伍友利副教授,西北工业大学方洋旺教授,武警工程大学王炳和教授、郭红霞教授等的鼓励支持和帮助,在此作者表示衷心的感谢。

  本书引用了一些作者的论著及其研究成果,在此,向他们表示深深的谢意。

  由于水平有限,书中缺点甚至错误之处在所难免,望广大读者批评指正。

彭维仕
2021 年 5 月于西安

目 录

第1章 绪论 ··· 1
　1.1 导弹武器系统性能评估的基本概念 ······················ 1
　1.2 性能评估研究现状 ·· 2
　　1.2.1 性能评估、性能优化和性能分析 ······················ 2
　　1.2.2 性能评估方法的研究现状 ·································· 2
　1.3 误差谱理论研究现状 ·· 5
　1.4 导弹系统性能评估研究现状 ·································· 6
　　1.4.1 国外导弹系统性能评估研究现状 ······················ 7
　　1.4.2 国内导弹系统性能评估研究现状 ······················ 8
　1.5 本书概貌 ·· 10

第2章 误差谱度量方法研究 ··· 13
　2.1 引言 ·· 13
　2.2 非综合误差度量方法 ·· 13
　　2.2.1 绝对误差度量 ·· 14
　　2.2.2 相对误差度量 ·· 17
　　2.2.3 PCM 度量 ··· 18
　2.3 误差谱度量方法 ·· 19
　　2.3.1 误差谱度量 ·· 19
　　2.3.2 区间误差谱度量 ·· 22
　　2.3.3 面积误差谱度量 ·· 22
　　2.3.4 体积误差谱度量 ·· 24
　2.4 本章小结 ·· 24

第3章 基于多目标优化理论的增强误差谱度量方法研究 ············ 27
　3.1 引言 ·· 27

3.2 增强误差谱度量方法研究 …………………………………………… 27
  3.2.1 多目标优化方法分析 ………………………………………… 28
  3.2.2 代数均值形式的增强误差谱度量 …………………………… 30
  3.2.3 几何均值形式的增强误差谱度量 …………………………… 32
  3.2.4 指数形式的增强误差谱度量 ………………………………… 33
3.3 动态误差谱度量方法研究 …………………………………………… 33
  3.3.1 基于线性加权形式动态误差谱度量 ………………………… 33
  3.3.2 基于代数均值形式动态误差谱度量 ………………………… 34
  3.3.3 基于几何均值形式动态误差谱度量 ………………………… 34
3.4 增强误差谱度量在参数估计中的评估 ……………………………… 36
  3.4.1 仿真试验设计 ………………………………………………… 36
  3.4.2 MAP 估计器和 MMSE 估计器中参数 λ 相等情况 ………… 37
  3.4.3 MAP 估计器和 MMSE 估计器中参数 λ 不相等情况 ……… 39
3.5 增强误差谱度量在状态估计中的评估 ……………………………… 41
  3.5.1 动态增强误差谱度量 ………………………………………… 41
  3.5.2 仿真试验设计 ………………………………………………… 42
  3.5.3 仿真结果分析 ………………………………………………… 43
3.6 本章小结 ……………………………………………………………… 46

第4章 基于幂均值误差的误差谱算法 …………………………………… 49

4.1 引言 …………………………………………………………………… 49
4.2 基于梅林变换的误差谱算法分析 …………………………………… 49
4.3 基于大样本数据的幂均值误差的误差谱算法 ……………………… 52
  4.3.1 幂均值误差定义 ……………………………………………… 52
  4.3.2 基于幂均值误差的误差谱计算公式 ………………………… 57
  4.3.3 仿真验证 ……………………………………………………… 57
4.4 基于小样本数据的改进自助-幂均值误差的误差谱算法 ………… 59
  4.4.1 自助方法概述 ………………………………………………… 59
  4.4.2 基于相关系数的自助重采样方法 …………………………… 60
  4.4.3 基于改进自助-幂均值误差的误差谱算法基本步骤
       ………………………………………………………………… 62
  4.4.4 仿真验证 ……………………………………………………… 62
4.5 基于相关系数和排列组合的误差谱算法 …………………………… 65

		4.5.1 基于排列组合的原始样本扩容 ··············	65
		4.5.2 基于相关系数改进排列组合的扩容样本 ······	66
		4.5.3 基于相关系数和排列组合的误差谱算法的基本步骤	
		··	67
		4.5.4 仿真验证 ··	68
	4.6	本章小结 ··	70
第5章	基于高斯混合模型的误差谱算法 ······················	71
	5.1	引言 ··	71
	5.2	基于贪婪EM算法的高斯混合模型参数估计 ··········	71
		5.2.1 高斯混合模型的定义 ································	72
		5.2.2 EM算法概述 ··	72
	5.3	基于变步长学习的高斯混合模型参数估计 ············	81
		5.3.1 Bhattacharyya系数的定义及计算 ················	82
		5.3.2 基于Bhattacharyya系数的高斯混合模型个数选择准则	
		··	86
		5.3.3 基于相关系数准则的高斯混合模型参数初始化 ······	88
		5.3.4 变步长学习的高斯混合模型参数估计算法基本步骤	
		··	90
		5.3.5 仿真验证 ··	93
	5.4	基于高斯混合模型的误差谱算法 ·······················	97
		5.4.1 基于高斯混合模型的误差谱近似算法的基本步骤 ·····	97
		5.4.2 仿真验证 ··	98
		5.4.3 仿真结果分析 ·······································	102
	5.5	本章小结 ··	102
第6章	基于误差谱的空地导弹系统命中精度评估 ············	105
	6.1	引言 ··	105
	6.2	基于误差谱的空地导弹系统命中精度评估 ············	105
		6.2.1 数据预处理 ···	106
		6.2.2 空地导弹系统命中精度度量指标 ···················	107
		6.2.3 空地导弹系统命中精度属性矩阵 ···················	109
		6.2.4 空地导弹系统命中精度属性竞争矩阵 ············	110

　　　　6.2.5　仿真验证 ………………………………………………… 112
　6.3　本章小结 ……………………………………………………………… 120

第7章　基于增强误差谱的空地导弹系统导航精度评估 …………… 123
　7.1　引言 …………………………………………………………………… 123
　7.2　捷联惯导系统工具误差分析 ………………………………………… 124
　　　　7.2.1　坐标转换矩阵 …………………………………………… 124
　　　　7.2.2　姿态角计算 ……………………………………………… 125
　　　　7.2.3　初始零位误差分析 ……………………………………… 127
　　　　7.2.4　加速度表工具误差模型 ………………………………… 128
　　　　7.2.5　速率陀螺工具误差分析 ………………………………… 129
　　　　7.2.6　视加速度工具误差环境函数分析 ……………………… 129
　　　　7.2.7　视速度和视位置工具误差环境函数模型 ……………… 131
　　　　7.2.8　基于最小二乘估计的 SINS 工具误差计算 …………… 132
　7.3　北斗导航系统误差分析 ……………………………………………… 134
　　　　7.3.1　BDSNS 测距与定位原理分析 ………………………… 134
　　　　7.3.2　BDSNS 误差分析 ……………………………………… 135
　　　　7.3.3　BDSNS 误差模型 ……………………………………… 136
　7.4　基于增强误差谱的空地导弹系统导航精度评估 …………………… 137
　　　　7.4.1　SINS 导航精度评估 …………………………………… 137
　　　　7.4.2　SINS/BDSNS 组合导航精度评估 …………………… 139
　7.5　本章小结 ……………………………………………………………… 142

第8章　基于 PF 理论的空地导弹系统性能评估 ……………………… 143
　8.1　引言 …………………………………………………………………… 143
　8.2　空地导弹系统性能评估指标体系 …………………………………… 143
　　　　8.2.1　空地导弹系统性能影响因素分析 ……………………… 143
　　　　8.2.2　确定空地导弹系统性能评估指标体系构建原则 ……… 144
　8.3　构建空地导弹系统性能属性矩阵 …………………………………… 146
　8.4　计算空地导弹系统性能竞争属性矩阵 ……………………………… 146
　8.5　计算空地导弹系统性能竞争属性矩阵的特征值 …………………… 147
　8.6　基于 PF 理论的空地导弹系统性能评估实例验证 ………………… 147
　8.7　本章小结 ……………………………………………………………… 149

第9章　基于排序向量和雷达图法的空地导弹系统性能评估 ········ 151
  9.1　引言 ··· 151
  9.2　空地导弹系统性能评估指标归一化方法 ·································· 151
  9.3　基于排序向量法的空地导弹系统性能评估指标权重计算 ············ 155
      9.3.1　现有权重的计算方法分析 ·· 156
      9.3.2　基于指标合作信息的空地导弹系统性能评估指标权重
           计算 ··· 157
      9.3.3　基于指标竞争信息的空地导弹系统性能评估指标权重
           计算 ··· 160
      9.3.4　基于排序向量法计算空地导弹系统性能评估指标的
           权重 ··· 163
  9.4　构造空地导弹系统性能评估的雷达云图 ·································· 166
      9.4.1　雷达图的基本原理 ··· 166
      9.4.2　绘制空地导弹系统性能雷达图 ······································ 167
  9.5　空地导弹系统性能评估模型 ··· 168
      9.5.1　空地导弹系统性能雷达图特征提取 ······························· 168
      9.5.2　构造空地导弹系统性能评估模型 ··································· 169
  9.6　实例验证 ·· 170
  9.7　本章小结 ·· 176

缩略语 ·· 177
参考文献 ··· 181

第1章 绪　　论

从阿富汗战争、伊拉克战争和科索沃战争来看,导弹武器在现代战争中发挥着越来越重要的作用。随着现代战争样式的多样化以及科学技术的不断发展,导弹武器系统的性能也逐渐提高。导弹武器系统是由导弹系统,地面系统,预警、情报与侦察系统,指挥、监控与通信系统,电子战系统和勤务保障系统组成[1]。其中,导弹系统是导弹武器系统的核心组成部分,它主要包括战斗部、动力装置、制导系统和弹体结构与气动外形等子系统。导弹系统性能是否达到了设计要求、导弹的试验是否成功、能否定型并装备部队,都需要对试验数据进行分析,对试验结果进行评估。因此,导弹系统性能评估是导弹试验分析与评估中的核心问题。

近年来,针对性能评估中异常值问题,国际著名信息融合专家李晓榕教授提出了误差谱度量方法[2]。误差谱是一种综合的性能评估度量方法,它将多种常用的性能评估度量方法统一到一个数学模型中。误差谱度量方法用曲线的形式综合反映被估对象的性能,因此作者提出用误差谱度量方法评估导弹系统的性能,将为我国空地导弹系统性能评估提供新的途径,为我国空地导弹系统的性能评估和试验定型提供理论和技术支持,也为其他武器装备系统的性能评估及相关需要评估的产品和流程提供新的理论及方法。

1.1　导弹武器系统性能评估的基本概念

导弹系统的性能是指导弹系统中各子系统性能的综合能力。导弹系统的性能是影响导弹武器系统总体性能的关键因素[3]。因此,研究导弹系统的性能具有非常重要的意义。

一般情况下,导弹系统的性能主要由战术性能和技术性能组成。战术性能是指通过技术设计的方法实现导弹技术性能所需要具备的能力。它主要包括飞行性能、目标特性、命中精度、威力与杀伤概率、战场环境适应性、突防与生存能力、发射性能、可靠性和使用操作性能。技术性能是指为满足战术性能要求而采用的各项技术所体现的性能,反映出导弹的技术特点与先进性,以及研制成本和装备服役的费用。它主要包括导弹的气动类型、外形尺寸、制导方式及导引系统类型、战斗部威力、引信类型和发动机类型等。

1.2 性能评估研究现状

性能评估是根据给定标准对评估对象的性能优劣进行评判比较的一种认知过程,其目的是真实、客观地反映出被估对象性能的好坏。研究性能评估前,首先要弄清楚性能评估与性能优化、性能分析的区别。

1.2.1 性能评估、性能优化和性能分析

性能评估、性能优化和性能分析三者既有联系又有区别[4-6]。性能评估的目标是真实、客观、可靠和合理地反映出被估对象性能的好坏。性能优化是指基于能够表征性能的目标函数,找出该目标函数解的过程。性能分析是指从定性和定量的角度,分析影响性能的关键因素及其之间的关系。

实际中的性能评估指标和性能优化指标都在一定程度上反映了性能的好坏。例如,在性能优化中常用的均方误差和性能评估中的均方根误差都是对性能的刻画。但是性能优化指标不仅要反映性能的好坏,而且还要具备数学上的可解性。而性能的评估指标不要求数学上的可解性,它要求能够最大限度地表征性能的好坏。性能分析和性能评估之间区别很大,性能分析主要依赖于分析工具,旨在从定性和定量的角度,分析影响性能的关键因素及其之间的关系,并且要求分析工具在数学上易于处理。性能评估主要依赖于性能度量指标,目的是真实、客观、可靠和合理地反映出性能的好坏,不要求数学上的易处理,复杂的性能度量指标仅带来计算的复杂度。本书主要研究性能评估的理论与技术,下面介绍性能评估方法的研究现状。

1.2.2 性能评估方法的研究现状

目前,系统性能的评估方法主要有多元统计分析方法、不确定评估方法、多属性评估方法和其他的评估方法。下面简要介绍上述主要的系统性能评估方法。

1. 多元统计分析方法

Hotelling[7]在1933年提出的主成分分析法促进了数理统计在系统评

估中的应用。多元统计分析方法主要包括单变量统计方法和多元变量统计方法,其中单变量统计方法有多元回归分析和典型相关分析等;多元变量统计方法主要有主成分分析、因子分析、聚类分析、判别分析和对应分析等。

2. 不确定评估方法

不确定评估方法主要包括模糊评估方法、灰色评估方法、粗糙集评估法、云评估方法、突变级数评估方法和探索性分析方法等。其中模糊评估方法是一种基于模糊理论的评估方法。美国加利福尼亚大学控制理论专家Zadeh[8]教授在1965年首次提出模糊集合的概念后,水本·雅晴[9]提出用模糊数学的理论解决决策问题,进而促进了模糊评估方法在系统评估中的应用。灰色评估方法(GEM)是一种基于部分信息(不完全信息)的小样本评估方法[10]。该方法诞生于1982年,武汉华中科技大学的邓聚龙教授[11]创立了灰色系统理论,使得评估方法进入"灰色"时代。粗糙集评估方法是波兰学者Pawlak[12]在1982年提出的粗糙集理论的基础上发展为一种处理模糊性和不确定性的评估方法。云模型评估方法是一种概率理论和模糊集合理论相结合的评估方法,由中国工程院李德毅[13]院士于1995年首次提出。突变级数评估方法是在法国数学家R. Thom[14]提出的突变论基础上发展形成的一种评估方法,该方法先对评估对象进行多层次矛盾分解,而后结合突变理论与模糊数学产生突变-模糊隶属度函数,最后通过归一化求出总的隶属函数,进而评估对象。探索性分析方法由美国兰德公司Bankes在1993年首次提出[15]。此后,他又将EA法用于解决武器分配的问题等复杂系统。目前EA法成为评估复杂系统的热点研究方向,尤其是对复杂战争系统的分析。

3. 多属性评估方法

多属性评估方法是一种基于多属性决策理论、针对离散的评估指标和有限个备选方案数量进行评估的方法。在工程设计、军事、管理和经济等许多领域中,多属性决策都有着非常广泛的应用,它是现在决策科学的重要组成部分。在性能评估中,通常根据多个评估指标最终给出被估对象性能的好坏,显然这涉及性能排序的问题,因此可视为一种多属性决策问题。目标多属性评估方法主要有ADC法[16]、理想点法[17]、字典序法[18]、层次分析法[19]、网络分析法[20]和ELECTRE法[21]等。其中ADC法由美国工业界武器系统效能咨询委员会提出并已在武器装备评估中使用。该方法数学模型严谨、效能定义明确,但对于高维的大型系统评估较难[16]。理想点法以理想的最优和最劣为基点,根据评估对象与理想方案和最差方案的距离或接近程度进行排序,从而得到评估结果的一种方法。字典序法是指在一些评估决策问题中,以相对权重和优先权为指标用加权法来解决多属性决策问题的一种性能评估方法。此时,决策者仅需对这些指标的权重进行比较分析,就能得出评估结果。层次分析法[19]是由美国匹兹堡大学著名运筹学家萨蒂教授提出的一种将与决策有关的元素分解成目标、准则和方案等层次的定性和定量相结合的多指标评估方法。该方法将人对复杂系统的决策思维过程模型化,尤其适用于目标结构复杂和缺乏必要数据的情况。此后,在AHP法的基础上萨蒂教授又提出了ANP法,该方法采用相对标度的形式,综合利用人的经验和判断力,比较同一层次相关元素的相对重要性,并按层次结构计算决策目标的测度。因此,它是一种递阶层次结构的决策方法[22]。ELECTRE法由Benayoun等[21]于1966年提出,它是求解多目标评估问题的一种有效评估方法,主要适用于方案有效的多属性评估问题。

4. 其他评估方法

此外,还有许多其他的评估方法。如1978年,Charbes等[23]利用数学规划模型评价具有多个输入和多个输出间有效性的数据包络方法。1977年A. H. Levis提出了系统效能分析方法,该方法利用一组系统原始的参数值描述系统在某一环境下的运行状态[24]。为了比较系统完成任务的能力,SEA将系统效能指标统一到性能度量空间[25]。1988年,中国人民大学魏权龄教授[26]在其著作中系统地介绍了数据包络方法。此后,国内许多学者利用数据包络方法进行系统性能评估[27-28]。1989年,我国学者赵克勤[29]提出了集对分析法。该方法是一种关于确定随机系统同异反定量分析的系统分析方法。另外,还出现了人工神经网络评估方法[30]、仿真评估法[31]、组合评估法和综合集成研讨法等。

综上所述,现有系统性能评估方法的优缺点,如表1.1所列。

表1.1 现有系统性能评估方法的优缺点

方法	优点	缺点
多元统计分析方法	评估结果准确,既能得到效能指标评估值,又能得到影响武器性能的因素,从定量的角度给出提高武器系统性能的方案	需要建立精确的系统数学模型,武器研制前不能实施,耗费大和周期长

续表

方法		优点	缺点
不确定评估方法		定性与定量相结合,适合不同方案间的比较	评估结果可能存在主观因素,并具有倾向性
多属性评估方法	ADC法	数学模型严谨,指标体系考虑全面,效能定义明确,计算简单,易于理解和便于应用	评估模型比较简单,某些评价过于简化,指标体系选取标准不统一和评估结果难以认可
	AHP法和ANP法	定量地评定效能指标,能有效地考虑人在评估中的作用,适合比较复杂的系统和缺乏数据的评估,计算简单,易于理解和便于应用	评估结果精度低,并有较大的倾向性
	TOPSIS法和字典序法	计算简单,易于理解和便于应用	难以定义与理想点和最差点的距离,难以评估复杂的系统

1.3 误差谱理论研究现状

近年来,国际著名信息融合专家李晓榕教授针对估计性能评估中的问题,提出了基于误差谱理论的度量方法。下面介绍其研究现状。

随着信息融合理论和技术的不断发展与进步,信息融合技术的研究成果逐日剧增。伴随而来的问题是如何对这些技术、算法的性能进行有效的、客观的评估成为研究的热点。近年来,估计性能评估的方法在估计和滤波[32]、目标跟踪和融合[33]、性能优化和分析[34]等方面的广泛应用使其受到了极大地关注。特别是李晓榕教授的团队在这方面做出了巨大贡献,并取得了一系列的成果[35-41]。在对估计算法的性能评估中,常用的评估方法都是对估计误差进行简单的平均,即不相对于任何参考量。文献[4,36-37]针对常用的均方根误差容易受大的误差主导的问题,提出了一系列可供选择的绝对误差度量,如调和平均误差(HAE)、几何平均误差(GAE)、算数平均误差(AEE)、中位数误差(ME)、误差众数度量(MRE)和迭代中距误差(IMRE)等。进一步基于上述绝对误差度量,文献[4]又提出了一些常用的相对误差度量,例如频度误差度量(成功率和失败率)、贝叶斯估计误差商、估测误差比和贝叶斯降差因数等。文献[38]基于均方误差又提出了相对损失和相对增益两种相对误差度量。

由于上述绝对误差度量只能片面地反映系统性能的某一个方面,文献[39-40]又进一步提出了3个综合性的度量指标,即误差谱度量、合意水平度量和集中度度量,其中误差谱度量方法将 RMSE、AEE、GAE 和 HAE 刻画的系统性能集中反映在一条曲线上,所以它能够揭示系统的各个方面性能。合意水平度量类比相关系数的形式给出,用于刻画两个概率密度函数间的相关性或相似度。集中度度量刻画了系统误差分布集中于参考量的关系。

上述3个综合性度量从不同的角度综合反映了系统的综合性能,其中误差谱度量因其包括了常用的 RMSE、AEE、GAE 和 HAE,可阐释系统不同方面的估计性能,因此得到了广泛的应用。但是,误差谱也存在着一些缺陷:一方面,在误差分布未知时,误差谱很难计算。尽管在误差分布已知时,文献[41]在分析误差谱性质的基础上,提出用 Meilin 变换的方法计算误差谱。但是,误差分布未知时,误差谱的计算仍然是一个问题。另一方面,在动态系统中,误差谱在整个时间轴上是一个三维的图形,这不便于使用者分析和比较两个系统性能的好坏。因此,文献[5,42-43]提出了一个新的度量——动态误差谱度量。动态误差谱将某一时刻的误差谱压缩成一个点,使得关于时间轴的误差谱三维图形变成一个二维图形,进而能够直观地反映被评对象的好坏。然而,动态误差谱的这种压缩处理,使误差谱度量又变成一个非综合性度量。因为动态误差谱度量只是对误差谱的一种平均,这导致动态误差谱在评估时会丢失很多有用的信息。

为了克服误差谱在性能评估中自身存在的缺陷,本书提出了一些更适合应用的误差谱度量新方法。首先针对误差谱在状态估计中评估时的缺陷,提出区间误差谱和面积误差谱的度量方法,并将其用于状态估计的评估[44]。进一步又提出基于多目标优化理论的增强误差谱度量方法[45];然后,为了综合考虑针对误差未知时误差谱不易计算的问题,提出两种误差谱的近似算法:幂均值误差的误差谱近似算法和基于高斯混合模型的误差谱近似算法[46]。最后,为了将误差谱理论应用于空地导弹系统性能评估,又提出基于误差谱理论和 PF 理论的空地导弹系统性能评估[47-48]。

1.4 导弹系统性能评估研究现状

导弹系统试验、评估与鉴定是导弹系统在研发过程中用以分析、评估和鉴定其方案性能、制造质量及设计方案的各种试验与评估活动。导弹系统的性能评估通常情况下需要利用仿真数据、半实物仿真数据或者大量的靶场试验数据。针对这些数据采用先进的数据处理方法,一直是分析和研究导弹系统的性能评估不断追求和探索的目标。随着试验需求的不断增加和测量系统的不断发展,靶场试验数据的处理方法也在不断发展。从最初的几何定位[49]、代数解析[50]、最小二乘方法[51]到后来的 EMBET 法[52]、卡尔曼滤波[53]和小波分析方法[54]等,许多先进的数学方法逐步应用到靶场试验数据处理领域。众所周知,在靶场测量数据的处理方法中,无论是基于最小二乘拟合的多项式滤波技术、平滑微分技术、功率谱分析技术,还是基于卡尔曼滤波理论的实时预报和控制技术都对采样数据中异常数据的反应极为敏感[55]。在靶场试验中,由于异常数据的存在,很可能淹没正常的数据信息,从而影响导弹系统性能的准确分析、检验和评估。因此,建立高效、可靠的数据处理方法对于导弹系统性能评估非常重要。通常人们对异常数据的处理是凭经验和直觉将其剔除,这样存在两方面的不足:一方面,剔除异常点,减少了样本量;另一方面,在某些情况下异常数据恰好反映了系统的特殊信息,因此不应被随意剔除[56-57]。尤其是对于导弹试验这种小子样试验,更加不能随意地剔除试验数据。

1.4.1 国外导弹系统性能评估研究现状

为了评估导弹系统的性能,以美国为首的主要军事大国都进行了大量的理论及试验研究,并将理论与试验验证紧密结合,极大地推动了导弹系统性能评估理论及技术的发展。

20 世纪 60 年代末,美国陆、海、空军对系统效能进行了研究(例如 J. T. Horrigan),并给出了适合各自领域的数学模型[58]。例如,美国工业界武器系统效能咨询委员会运用系统可用性(availability)、可信性(dependability)和能力(capability)描述系统的效能,即 ADC 法;美国航空无线电公司用战备状态概率、任务可靠概率和设计适应概率表征系统的效能,即 ARINC 模型;美国海军的系统效能模型包括系统性能指标、系统有效度指标和系统的利用率指标;美国陆军导弹的系统效能模型主要为系统作战的可用性、系统发现、鉴别、传送目标信息的概率和单发毁伤概率;到 70 年代,美国 ASC 公司提出运用协方差分析描述函数技术(CADFT)分析非线性制导系统的导引精度[59-60]。协方差分析描述函数技术通过假设系统为正态分布,计算出每一时刻弹道的均值和方差,来评估非线性制导系统的导引精度。该方法计算方便、效率高,因此非常适合评估单发武器的射击效率。此后,美国雷声公司基于协方差分析描述函数技术又提出了一种基于统计线性化伴随法(SLAM)的评估方法,该方法能够给出随机干扰对导弹终端时刻脱靶量的影响程度[61]。近年来,美国佐治亚理工学院的航天系统设计实验室为了科学合理地制订武器装备的研制计划,提出了武器装备技术确定、选择与评估的量化分析方法[62-63]。美国莱特兄弟航天系统的 Giragosian 提出一种快速预估的导弹系统评价算法,该算法主要用于分析和评价导弹系统飞行性能的关键参数:最大加速度、最大飞行路径转弯速率、导弹转弯半径、导弹制导时间参数、射程、导弹静态稳定性和有效控制参数[64]。Meidunas 提出了一种估计圆概率误差置信区间的方法,并将该方法用于武器系统性能评估[65]。美国航空工业协会主办的制导、导航和控制年会每年都有武器系统评估方法的讨论和研究。近年来,在高速飞行器方面,美国国家航空航天局提出了一种利用虚拟飞行试验系统和飞行器总体仿真平台对高超声速飞行器总体性能进行仿真验证的新方法[66]。

目前,国外有关武器系统性能评估的专著主要有:Eichblatt 的专著 *Test and evaluation of the tactical missile*[3];Driels 的专著 *Weaponeering:conventional weapong system effectiveness*[67];McShea 的专著 *Test and evaluation of aircraft avionics and weapon systems*[68];Giadrosich 的专著 *Operations research analysis in test and evaluation*[69];Fleeman 的专著 *Missile design and system engineering*[70];Ojha 的专著 *Flight performance of aircraft*[71];Filippone 的专著 *Flight performance of fixed and rotary wing aircraft*[72];Pamadi 的专著 *Performance, stability, dynamics, and control of airplanes, second edition*[73];Zipfel 的专著 *Modeling and simulation of aerospace vehicle dynamics*[74];Asselin 的专著 *An introduction to aircraft performance*[75]以及 Przemieniecki 的专著 *Mathematical methods in defense analyses*[76]。

另外,苏联在20世纪70年代提出用准备效能、飞行效能和毁伤效能表征系统效能。印度德里大学的 Holla 提出利用非中心的卡方分布分析武器系统性能的方法,该方法主要根据先验分布的共轭分布通常为非中心的卡方分布的思想,通过评估武器系统的杀伤概率来分析武器系统的性能[77];英国的 Lanchester 基于作战动态的微分方程,提出用解析的方法求解武器系统的作战效能[78]。加拿大学者 Bao 提出了一种弹道导弹防御系统的评估方法,并分析了冗余度和加力拦截段对弹道导弹防御系统的影响[79]。

1.4.2 国内导弹系统性能评估研究现状

近年来,国内专家和学者针对导弹系统性能评估,也提出了许多有用的评估方法。我国台湾学者 Cheng 提出了模糊层次分析法评估武器系统的性能[80-84],后期又提出了模糊数排序法评估武器系统的性能[85]。台湾陈锡明教授提出了基于模糊理论的武器系统的性能评估方法[86],如模糊算术运算法[87]。南京理工大学的顾晓辉教授在分析现有评估方法的基础上,提出了一种评估智能弹药弹头整体性能的方法[88]。此外,文献[89]提出了一种基于单调空间索引法的复杂系统性能评估方法;为了减少人为因素在导弹系统评估中的影响,文献[90]提出了一种基于列文伯格-马夸尔特-反向传播神经网络的防空导弹系统评估方法;文献[91]提出了一种改进的导弹系统总体性能评价的模糊层次分析法;文献[92]利用导弹试验数据、专家评估结果和基于粗糙集理论的机器学习算法,提出了一种评估导弹武器系统性能的方法,该方法不依赖于数据的先验信息,评估中能够避免一些主观因素的影响;文献[93]在分析导弹武器系统性能指标体系的基础上,提出了采用"局部-整体-局部"的螺旋迭代鉴定方案,并以空空导弹仿真模型为例对其性能进行了鉴定;文献[94]首先建立了舰舰导弹作战性能评估指标体系,然后运用网络分析法的反馈结构评估框架,解决了评估指标间非独立和相互依赖的问题,最后采用问卷调查的方法,评估了3种舰舰导弹的方案;文献[95]提出了一种混合模糊的多属性决策的武器系统评估方法,该方法首先利用熵权重法确定武器系统属性的权重,然后根据模糊的理想点法对整个武器系统的性能进行排序,最后通过一个实例验证了该评估方法的正确性;文献[96]分析了美国国防部体系结构框架软件评估武器系统性能的基本流程,为武器系统性能评估提供了新的思路。近年来,文献[97]基于计算流体力学软件建立了高超声速飞行器飞行性能评估的并行计算环境,对现有高超飞行器的飞行性能进行了评估。为了对类乘波体和升力体方案的气动性能进行评估,文献[98]基于高超声速飞行器气动性能评估指标体系,提出了一种采用多级综合评估模型的评估方法。文献[99]提出建立高超声速飞行器动力学虚拟样机系统进行仿真验证。文献[100]提出利用量化评估的方法评估高超声速飞行器关键技术的关键度,并且获得了高超声速飞行器关键技术的排序结果。文献[101]在分析高超声速飞行器特点的基础上,探究了高超声速飞行器制导与控制系统性能评估的方法。

纵观国内外文献,导弹系统性能评估的方法主要存在以下三方面的问题:

(1)评估方法中指标体系的建立标准不统一。对于复杂的被估对象,需要考虑的指标众多,选取重要指标和舍弃不重要的标准无法确定。因此,如何科学、合理地建立符合实际情况的指标体系仍然是一个急需解决的问题。

（2）评估方法常采用定性和定量相结合的方法。其中定性的分析方法在确定各指标的权重和评估对象的属性集时，由于综合考虑了专家的经验，无法排除人为因素带来的偏差，因此评估结果具有主观性和臆断性。

（3）定量的方法对于维数较多的大型系统的性能评估，因为计算量较大，所以评估起来比较困难。如何客观、公正地评估维数较多的大型系统是系统性能评估的主要研究方向。

1.5　本书概貌

本书进行误差谱理论及其在导弹系统性能评估中的应用研究主要分为两部分。第一部分为基础理论研究，主要研究内容包括新的误差谱度量方法和误差谱的计算研究。第二部分为基础理论的应用研究，主要研究内容是误差谱理论在导弹系统性能评估中的应用。

第1章概述本书研究内容的背景和意义；综述与本书研究内容相关理论与技术的国内外研究现状；介绍具体的研究内容。

第2章误差谱度量方法研究。通过分析非综合度量方法和综合误差度量方法的优缺点，利用区间和面积的思想，研究了更适合应用的误差谱度量新方法，为后文基于多目标优化理论的增强误差谱度量方法研究提供理论基础。

第3章基于多目标优化理论的增强误差谱度量方法。为了在评估中综合利用区间误差谱诱导的面积误差谱和动态误差谱诱导的面积误差谱，通过研究多目标优化理论，提出几何均值形式和代数均值形式的增强误差谱度量方法。

第4章基于幂均值误差的误差谱算法。通过分析利用梅林变换计算误差谱的局限性，提出基于大样本数据的幂均值误差的误差谱算法和基于小样本时误差分布已知分布参数未知的改进自助－幂均值误差的误差谱算法。

第5章基于高斯混合模型的误差谱算法。为了弥补改进自助－幂均值误差的误差谱近似算法处理小样本时的局限性，针对小样本数据时误差分布且参数都未知的误差谱的计算问题，提出基于高斯混合模型的误差谱近似算法。

第6章基于误差谱的空地导弹系统命中精度评估。首先对获得的空地导弹系统命中精度数据进行预处理,其次建立空地导弹系统命中精度度量指标模型,然后构建空地导弹系统命中精度属性矩阵,最后求解空地导弹系统命中精度属性竞争矩阵。

第7章基于增强误差谱的空地导弹系统导航精度评估。首先分析捷联惯导系统工具误差,然后深入研究北斗导航系统误差,最后利用增强误差谱分别评估了捷联惯导系统和北斗导航系统的导航精度。

第8章基于PF理论的空地导弹系统性能评估。首先建立空地导弹系统性能评估指标体系,然后构建空地导弹系统性能属性矩阵,计算空地导弹系统性能竞争属性矩阵,最后计算该竞争矩阵的特征向量并给出评估结果。

第9章基于排序向量和雷达图法的空地导弹系统性能评估。首先对空地导弹系统性能评估指标进行归一化处理,其次提出基于排序向量法的空地导弹系统性能评估指标权重计算方法,然后构造空地导弹系统性能评估的雷达云图并建立空地导弹系统性能评估模型,最后通过实例验证了方法的正确性。

第 2 章　误差谱度量方法研究

2.1　引　　言

误差谱度量是一个综合性度量,其包括了常用的均方根误差、算术平均误差、调和平均误差和几何平均误差指标,因此可阐释系统不同方面的估计性能。但是,误差谱也存在一些缺陷。一方面在误差分布未知时,误差谱很难计算。尽管文献[41]提出了在误差分布已知时,用梅林变换的方法计算误差谱,但是误差谱的计算仍然是一个问题。另一方面,在动态系统中,误差谱在整个时间轴上是一个三维的图形,这不便于使用者分析和比较两个系统性能的好坏,因此文献[5,42-43]提出了一个新的度量——动态误差谱。但是动态误差谱仍然有缺陷:一方面,动态误差谱利用均值的形式给出评估结果,当均值相等时,无法区分或比较系统间性能的好坏;另一方面,动态误差谱是一条关于时间的曲线,本质上它是某一时刻误差谱的算术平均,它将误差谱曲线上所有的度量指标用一个平均值代替。显然,这种处理方式会使评估结果损失很多误差信息。

针对上述问题,本章首先详细分析现有主要的非综合误差度量方法及其优缺点;然后深入研究误差度量方法的性质及其在参数估计评估和状态估计评估中的不足之处;最后根据误差谱曲线的特征,提出两种新的误差谱度量方法——区间误差谱度量和面积误差谱度量。研究工作为后续几章有关误差谱新方法以及空地导弹系统性能评估的研究奠定理论基础。

2.2　非综合误差度量方法

非综合误差度量主要包括绝对误差度量和相对误差度量[4]。其中绝对误差度量主要包括均方根误差、调和平均误差、几何平均误差、平均欧几里得误差、误差中位数、误差众数和迭代中距误差。相对误差度量是相对于某一参考量而给定的,主要有两种形式:一种是误差与参考量之比的平均;另一种是误差平均与参考量平均之比。由这两种形式,可将绝对误差度量的定义转换成相对误差度量。

2.2.1 绝对误差度量

通常情况下,绝对误差度量直接对误差做某种意义上的平均。下面分析主要的绝对误差度量。

记被估计量、估计量和估计误差为 $x, \hat{x}$ 和 $\tilde{x}$,其中 $\tilde{x} = x - \hat{x}$,令 $e = \|\tilde{x}\|$ 或 $e = \|\tilde{x}\|/\|x\|$ 表示绝对或相对的误差范数,则当 $\|\cdot\|$ 为 1 范数有

$$e = \|\tilde{x}\|_1 = \begin{cases} |\tilde{x}| & \tilde{x} \text{ 为实数} \\ \sum_{d=1}^{D} |\tilde{x}_d| & \tilde{x} \text{ 为向量} \end{cases} \quad (2.1)$$

其中,$\tilde{x}$ 为向量是指 $\tilde{x} = [x_1, x_2, \cdots, x_d, \cdots, x_D]$。

同理当 $\|\cdot\|$ 为 2 范数时有

$$e = \|\tilde{x}\|_2 = \begin{cases} \sqrt{|\tilde{x}|^2} \\ \left(\sum_{d=1}^{D} |\tilde{x}_d|^2\right)^{1/2} \end{cases} \quad (2.2)$$

进一步当 e 为相对误差时分别得到

$$e = \|\tilde{x}\|_1 / \|x\|_1 = \begin{cases} |\tilde{x}|/|x| \\ \sum_{d=1}^{D} |\tilde{x}_d|/|x| \end{cases} \quad (2.3)$$

和

$$e = \|\tilde{x}\|_2 / \|x\|_2 = \begin{cases} \sqrt{|\tilde{x}|^2/|x|^2} \\ \left(\sum_{d=1}^{D} |\tilde{x}_d|^2/|x_d|^2\right)^{1/2} \end{cases} \quad (2.4)$$

1. 均方根误差

均方根误差(RMSE)是工程应用中常用的性能评估指标[4]。下面给出均方根误差度量的定义:

$$\text{RMSE}(\hat{x}) = \left(\frac{1}{M}\sum_{i=1}^{M} \|\hat{x}_i - x_i\|^2\right)^{1/2} = \left(\frac{1}{M}\sum_{i=1}^{M} \|\tilde{x}_i\|^2\right)^{1/2} \quad (2.5)$$

式中:M 为蒙特卡罗仿真的次数;i 表示第 i 次蒙特卡罗仿真。

显然,RMSE 是标准差 $\sqrt{x^\mathrm{T} x}$ 的有限样本近似,与标准差密切相关[4]。然而在概率中,标准差是一个非常重要的参数。特别是在标量的情况下,RMSE 是概率分析的有力工具[4]。

但是,RMSE 有如下 3 个主要缺陷:

(1) 受大的估计误差主导,忽略小的误差,即注重估计性能差的方面。例如,假设 100 个误差中有 99 个 1 和 1 个 500,则,RMSE ≈ 50。可见,用 RMSE 评估此类问题时,会得到无法接受的结果。然而上述情况在导弹系统性能评估中非常常见,例如在导弹拦截或摧毁目标中,我们关注的不是平均误差而是武器是否能够落入杀伤半径中。假设有两枚不同的导弹,第一种导弹绝大部分都在杀伤半径内,只有少数在杀伤半径外;另一种导弹都在杀伤半径外,但是都在杀伤半径附近。如果用 RMSE 评估此类问题,则会选择第二种导弹,然而显然第一种导弹是我们想要的。因此,此时用 RMSE 作为评估指标对第一种导弹很不利。

(2) 根据 RMSE 定义可知,RMSE 在评估估计器时,明显偏向于最小方差估计,即 $\hat{x}^\mathrm{MMSE}(Z) = \arg\min E[(\hat{x}-x)^2|Z]$,其中 Z 为所有的观测集。

(3) RMSE 没有明显的物理意义。

为了解决上述问题,文献[35]建议在一些情况下,用算术平均误差度量(AEE)代替 RMSE。

2. 算术平均误差

算术平均误差是指误差的算术平均值,显然 AEE 具有明显的物理意义[4],其定义为

$$\mathrm{AEE}(\hat{x}) = \frac{1}{M}\sum_{i=1}^{M} \|\tilde{x}_i\| \tag{2.6}$$

令 $\bar{e}$ 和 σ_e^2 分别为随机变量 e 的均值和方差,则

$$E[\mathrm{AEE}(\hat{x})] = \bar{e}$$

$$\mathrm{var}[\mathrm{AEE}(\hat{x})] = \frac{\sigma_e^2}{M}$$

可见,AEE 相比于 RMSE 具有很多优良的性质[6]:

(1) 无论 $\|\tilde{x}\|$ 为何种分布,AEE 是 $\bar{e}$ 的无偏估计。

(2) 由 $\mathrm{AEE} = \arg\min_{\bar{e}} \sum_i (\|\tilde{x}_i\| - \bar{e})^2$ 可知,AEE 是 $\bar{e}$ 的最小二乘估计。

(3) 如果 $\|\tilde{x}\|$ 服从均值为 $\bar{e}$ 的高斯分布或者其他的指数分布、泊松分

布和伯努利分布时,AEE 是 $\bar{e}$ 的最大似然估计和最小充分统计量。

用 AEE 去评估 RMSE 中的例子,可得 AEE = 5.99。虽然 AEE 受大误差主导的影响较小,但是仍然受大误差的主导。因此,文献[4]又提出了其他的绝对误差度量。

3. 调和平均误差

利用调和均值,可得调和平均误差[4],其定义为

$$\text{HAE}(\hat{x}) = \left(\frac{1}{M} \sum_{i=1}^{M} \| \tilde{x}_i \|^{-1} \right)^{-1} \tag{2.7}$$

显然,与 RMSE 和 AEE 不同,HAE 受小误差的主导,即注重估计性能好的方面。

4. 几何平均误差

由于上述误差度量都受极端误差值的影响,文献[4]提出几何平均误差,其定义为

$$\text{GAE}(\hat{x}) = \left(\prod_{i=1}^{M} \| \tilde{x}_i \| \right)^{1/M} = \exp\left\{ \frac{1}{M} \sum_{i=1}^{M} \ln \| \tilde{x}_i \| \right\} \tag{2.8}$$

可见,GAE 既不受大误差的主导又不由小误差支配,因此在性能评估时,可得到一个平衡的评估结果。

5. 中位数误差和误差众数度量

假设得到了 M 个误差数据 $\tilde{x}_1, \tilde{x}_2, \cdots, \tilde{x}_M$,对该误差数据取 2 范数后进行排序 $\| \tilde{x}_1 \|, \| \tilde{x}_2 \|, \cdots, \| \tilde{x}_M \|$,可得中位数误差度量的定义为

$$\text{ME}(\hat{x}) = \begin{cases} \| \tilde{x}_{M/2} \| & (n \text{ 为奇数}) \\ \dfrac{\| \tilde{x}_{M/2} \| + \| \tilde{x}_{(M+1)/2} \|}{2} & (n \text{ 为偶数}) \end{cases} \tag{2.9}$$

显然,中位数误差度量受中间的误差主导。

误差众数度量是在误差数据中出现频率最高的那个误差。通常情况下,用直方图中的最高点对应的值代替[4]。

6. 迭代中距误差

针对中位数误差数据集合的主趋势时对中间元素变化较敏感的问题,文献[36 - 37]提出了迭代中距误差,其定义为

$$\text{IMRE}(\hat{x}) = \frac{\min \{ \| \tilde{x}_i \| \}_{i=1}^{M} + \max \{ \| \tilde{x}_i \| \}_{i=1}^{M}}{2} \tag{2.10}$$

IMRE 具有很多优良的性质,如尺度同变性、位置同变性、中心对称性、

步步极小极大性、优化性和稳健性,因此 IMRE 当然可以应用到性能评估中。

实际的性能评估中,我们发现绝对误差度量适合整个系统的性能评估,对估计算法的评估则不是很好,而相对误差度量较适合估计算法的性能评估。

2.2.2 相对误差度量

根据相对误差度量的两种主要形式,可得到相对均方根误差度量的两种形式:

$$\mathrm{RMSRE}(\hat{x}) = \frac{\left(\frac{1}{M}\sum_{i=1}^{M}\|\tilde{x}_i\|^2\right)^{1/2}}{\left(\frac{1}{M}\sum_{i=1}^{M}\|x_i\|^2\right)^{1/2}} = \frac{\left(\sum_{i=1}^{M}\|\tilde{x}_i\|^2\right)^{1/2}}{\left(\sum_{i=1}^{M}\|x_i\|^2\right)^{1/2}} \quad (2.11)$$

和

$$\mathrm{RMSRE}(\hat{x}) = \left(\frac{1}{M}\sum_{i=1}^{M}\frac{\|\tilde{x}_i\|^2}{\|x_i\|^2}\right)^{1/2} \quad (2.12)$$

同理,可以得到上述绝对误差度量的相对误差度量形式:均方根相对误差、算术平均相对误差、几何平均相对误差、调和平均相对误差、中位数相对误差和相对误差众数,如表 2.1 所列。

表 2.1 常用的相对误差度量[4]

相对误差度量	误差的平均/参考量的平均	(误差/参考量)的平均
均方根相对误差 (RMSRE)	$\mathrm{RMSRE}(\hat{x}) = \dfrac{\left(\frac{1}{M}\sum_{i=1}^{M}\|\tilde{x}_i\|^2\right)^{1/2}}{\left(\frac{1}{M}\sum_{i=1}^{M}\|x_i\|^2\right)^{1/2}}$	$\mathrm{RMSRE}(\hat{x}) = \left(\dfrac{1}{M}\sum_{i=1}^{M}\dfrac{\|\tilde{x}_i\|^2}{\|x_i\|^2}\right)^{1/2}$
算术平均相对误差 (AERE)	$\mathrm{AERE}(\hat{x}) = \dfrac{\frac{1}{M}\sum_{i=1}^{M}\|\tilde{x}_i\|}{\frac{1}{M}\sum_{i=1}^{M}\|x_i\|}$	$\mathrm{AERE}(\hat{x}) = \dfrac{1}{M}\sum_{i=1}^{M}\dfrac{\|\tilde{x}_i\|}{\|x_i\|}$
几何平均相对误差 (GARE)	$\mathrm{GARE}(\hat{x}) = \dfrac{\exp\left\{\frac{1}{M}\sum_{i=1}^{M}\|\tilde{x}_i\|\right\}}{\exp\left\{\frac{1}{M}\sum_{i=1}^{M}\|x_i\|\right\}}$	$\mathrm{GARE}(\hat{x}) = \exp\left\{\dfrac{1}{M}\sum_{i=1}^{M}\dfrac{\|\tilde{x}_i\|}{\|x_i\|}\right\}$

续表

相对误差度量	误差的平均/参考量的平均	(误差/参考量)的平均
调和平均相对误差 (HARE)	$\mathrm{HAE}(\hat{x}) = \dfrac{\left(\dfrac{1}{M}\sum\limits_{i=1}^{M}\|\tilde{x}_i\|^{-1}\right)^{-1}}{\left(\dfrac{1}{M}\sum\limits_{i=1}^{M}\|x_i\|^{-1}\right)^{-1}}$	$\mathrm{HAE}(\hat{x}) = \left(\dfrac{1}{M}\sum\limits_{i=1}^{M}\left(\dfrac{\|\tilde{x}_i\|}{\|x_i\|}\right)^{-1}\right)^{-1}$
中位数相对误差 (MRE)	$\dfrac{\mathrm{meadian\ of}\ \{\|\tilde{x}_i\|\}_{i=1}^{M}}{\mathrm{meadian\ of}\ \{\|x_i\|\}_{i=1}^{M}}$	$\mathrm{meadian\ of}\ \left\{\dfrac{\|\tilde{x}_i\|}{\|x_i\|}\right\}_{i=1}^{M}$
相对误差众数 (REM)	$\dfrac{\mathrm{mode\ of}\ \{\|\tilde{x}_i\|\}_{i=1}^{M}}{\mathrm{mode\ of}\ \{\|x_i\|\}_{i=1}^{M}}$	$\mathrm{mode\ of}\ \left\{\dfrac{\|\tilde{x}_i\|}{\|x_i\|}\right\}_{i=1}^{M}$

与绝对误差度量相比,相对误差度量更容易挖掘被估对象内在的误差特性。

2.2.3 PCM 度量

为了比较两个被估对象的性能,Pitman 在文献[102]中提出了一种利用概率或频率比较性能好坏的方法。其比较的准则:被估对象与另一被估对象接近参数真实值的频率是否大于 50%,大于 50% 则前者性能较好。该准则称为皮氏接近准则或者皮氏接近度。下面给出 PCM 具体的定义。

假设参数 x 和观测 z 的概率模型为 $p(x,z)$,$\hat{x}$ 是关于观测 z 的一个函数。用 $m(1,2;x)$ 表示估计器 $\hat{x}_1$ 估计参数 x 的性能与估计器 $\hat{x}_2$ 估计参数 x 的性能间比较结果[6,38]:

$$m(1,2;x) = \begin{cases} 1 & (\hat{x}_1 > \hat{x}_2) \\ 0.5 & (\hat{x}_1 = \hat{x}_2) \\ 0 & (\hat{x}_1 < \hat{x}_2) \end{cases} \quad (2.13)$$

其中,当 $m(1,2;x)=1$ 时,表示估计器 $\hat{x}_1$ 的性能优于估计器 $\hat{x}_2$ 的性能;同理当 $m(1,2;x)=0$ 时,表示估计器 $\hat{x}_2$ 的性能好于估计器 $\hat{x}_1$ 的性能。此外当 $m(1,2;x)=0.5$ 时,表示估计器 $\hat{x}_1$ 和 $\hat{x}_2$ 的性能不相上下。

根据式(2.13)可得当 $m(1,2;x)=1$ 时,关于参数 x 的 PCM 度量[6,38]:

$$\mathrm{PCM}(1,2;x) = E[m(1,2;x)] = \mathrm{Pr}(\hat{x}_1 > \hat{x}_2) + 0.5\mathrm{Pr}(\hat{x}_1 = \hat{x}_2)$$

$$(2.14)$$

其中 $\Pr(\hat{x}_1 > \hat{x}_2)$ 的定义为[6,38]：

$$\Pr(\hat{x}_1 > \hat{x}_2) = \frac{d}{2^{d/2}\Gamma(d/2+1)}\int_{\hat{x}_2}^{\infty} x^{k-1}\exp(-x^2/2)\,\mathrm{d}x$$

式中：$d = \dim(x)$。

根据式(2.14)，当 $\mathrm{PCM}(1,2;x) > 0.5$ 时，可以认为估计器 $\hat{x}_1$ 在 PCM 准则下优于估计器 $\hat{x}_2$，即估计器 $\hat{x}_1$ 比估计器 $\hat{x}_2$ 更加接近参数 x。

由文献[103]可知，PCM 对于误差度量的选取是稳健的，并且 PCM 基于两个估计器之间的竞争，因此利用了两个估计器的联合信息。但是，在 PCM 准则下，无法保证估计器性能比较的传递性，例如 $\hat{x}_1$ 在 PCM 准则下优于估计器 $\hat{x}_2$，而 $\hat{x}_2$ 在 PCM 准则下优于估计器 $\hat{x}_3$，则仍无法确认 $\hat{x}_1$ 在 PCM 准则下优于估计器 $\hat{x}_3$。为了解决这个问题，文献[104]提出了基于估计排序向量的估计性能评估方法。

2.3　误差谱度量

因为上述误差度量都只能反映系统性能的某一个方面，所以李晓榕教授又提出了 3 个综合误差度量，即误差谱误差度量、合意水平度量和集中度度量[38-39]。因为误差谱从多个角度反映了系统的性能，所以下面深入研究误差谱度量及其相关性质。

2.3.1　误差谱度量

误差谱度量是一个综合性度量[2]。因为误差谱度量包含了很多常用的绝对误差度量，综合考虑了大误差和小误差的影响，因此能够给出一个更加公正的评估结果。下面给出误差谱度量的定义。

令 $e = \|\tilde{x}\|$ 或 $e = \|\tilde{x}\|/\|x\|$ 表示绝对的或相对的误差范数，记 r 的取值范围为 $-\infty$ 到 $+\infty$，则误差谱度量的定义为

$$\begin{aligned}S(r) = S_e(r) &= \{E[(e^r)]\}^{1/r} = \left\{\int e^r \mathrm{d}F(e)\right\}^{1/r}\\ &= \begin{cases}\left(\int e^r f(e)\mathrm{d}e\right)^{1/r} & (e\ \text{为连续变量})\\ \left(\sum e_i^r p_i\right)^{1/r} & (e\ \text{为离散变量})\end{cases}\end{aligned} \quad (2.15)$$

式中：$F(e)$，$f(e)$，p_i 分别为 e 的累积分布函数、概率密度函数和分布律。

根据误差谱的定义,可知误差谱有如下性质[4,105-106]:

(1)当 $r=-1$ 时,$S(-1)=1/E[1/e]$;对于离散的 $e_i,i=1,2,\cdots,n$,有 $S(-1)=\text{HAE}$。

(2)当 $r=0$ 时,$S(0)=\lim\limits_{r\to 0}S(r)=\exp(E[\ln e])$;对于离散的 e_i,有 $S(0)=\text{GAE}$。

(3)当 $r=1$ 时,$S(1)=E[e]$;对于离散的 e_i,有 $S(1)=\text{AEE}$。

(4)当 $r=2$ 时,$S(2)=(E[e^2])^{\frac{1}{2}}$;对于离散的 e_i,有 $S(2)=\text{RMSE}$。

(5)当 $r\to\infty$ 时,可得 $S(+\infty)=\lim\limits_{r\to+\infty}S(r)=\max\{e_i\}_{i=1}^n$;同理,当 $r\to-\infty$ 时,可得 $S(-\infty)=\lim\limits_{r\to-\infty}S(r)=\min\{e_i\}_{i=1}^n$;因此,可以得出误差谱 $S(r)$ 严格满足:$\min\{e_i\}_{i=1}^n \leq S(\infty) \leq \max\{e_i\}_{i=1}^n$。

(6)$S(r)$ 关于 e 是线性齐次的,即对于任意的 $\alpha>0$,有 $S_{\alpha e}(r)=\alpha S_e(r)$。

(7)$S_e(r)$ 关于 e 是严格递增的,即如果 $r<s$,那么 $S_e(r)<S_e(s)$。

(8)对于任意给定的 r,且 $r>1$,$S_e(r)$ 关于 e 是严格凸的。

(9)对于任意给定的 r,且 $r<1$,$S_e(r)$ 关于 e 是严格凹的。

(10)对于 r 满足 $0<r<s<t\leq\infty$,有

$$\frac{S(t)-S(r)}{t-r} < \frac{s}{r}\cdot\frac{S(t)-S(s)}{t-s} \qquad (2.16)$$

和

$$\frac{S(r)-S(-r)}{2r} < \frac{1}{2\min\{p_i\}}\cdot\frac{S(r)-S(0)}{r} \qquad (2.17)$$

根据 r 的取值范围 $[-\infty,+\infty]$,对于给定的 e,$S(r)$ 是关于 r 变化的一条曲线。从上述误差谱的性质可以看出,误差谱曲线最常用的一部分是 $r\in[-1,2]$,因为该段曲线包含了常用的 4 个绝对误差度量的指标(RMSE、AEE、GAE 和 HAE)。

图 2.1 所示为区间 $[-1,2]$ 上的一段误差谱曲线。可见,利用误差谱度量进行性能评估,可以得到一条反映系统各方面性能的曲线,这也是误差谱的由来。因为误差谱利用的是误差数据,显然,曲线越低,表示系统的误差越小,则可得系统的性能越好[2]。

误差谱是针对参数估计的,对于状态估计的评估,误差谱还存在局限性。因为在动态系统的评估中,误差谱度量在整个时间轴上是一个三维的图形,如图 2.2 所示。此时,某估计器的性能是一个三维图形,这使得误差谱在使用过程中存在一些缺陷,特别地,当两个被估对象的误差谱相交时,评

第 2 章 误差谱度量方法研究

估者很难直观地得出被估对象性能的好坏。

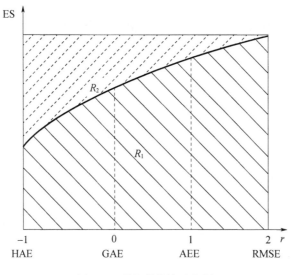

图 2.1 误差谱曲线示意图

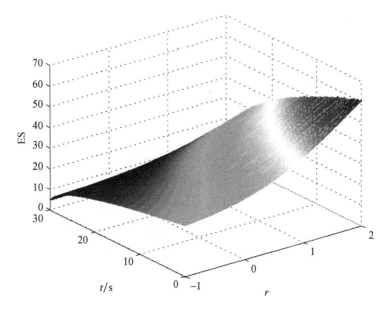

图 2.2 区间为 $r \in [-1,2]$,时间为 $t \in [0,30s]$ 的误差谱

为了解决上述问题,本章提出两种新的误差谱度量,即区间误差谱度量和面积误差谱度量[44-45]。

2.3.2　区间误差谱度量

令 $S(r_{\max})$ 为误差谱曲线的右端点，$S(r_{\min})$ 为误差谱曲线的左端点，则

$$\text{RES}(r) = S(r_{\max}) - S(r_{\min}) \tag{2.18}$$

其中 $(r_{\max}, r_{\min}) \in [-\infty, +\infty]$，本节主要讨论常用的区间 $[r_{\min}, r_{\max}] \in [-1, 2]$，因此，式(2.18)可变换为

$$\text{RES}(r) = S(2) - S(-1) = \text{RMSE} - \text{HAE} \tag{2.19}$$

显然，RES 越小，误差谱曲线越平缓，即估计误差的分布越集中，由此得到的被估系统的性能则越好。下面给出 RES 的两个主要性质：

(1) 当 $S(r_{\max}) - S(r_{\min}) \to 0$，则 $\text{RES}(r) \to 0$，$\forall r \in [r_{\min}, r_{\max}]$，即误差谱曲线变成一条水平的直线，此时误差谱不依赖于参数 r 的取值。换句话说，无论是使用 RMSE、AEE、GAE 或 HAE，评估的值都一样，则估计器的误差表现出稳定性。显然，RES 反映了误差谱对于参数 r 的敏感度。

(2) 给定 $\{e_k\}_{k=1}^n$，对于 $r \in [-\infty, +\infty]$，RES 满足

$$0 \leq \text{RES} \leq \max(\{\tilde{e}_k\}_{k=1}^n) - \min(\{\tilde{e}_k\}_{k=1}^n) \tag{2.20}$$

证明：根据误差谱的性质 $S(r)$ 关于 $r \in [-\infty, +\infty]$ 是递增的，则对于 $r_{\max} \geq r_{\min}$，有 $S(r_{\max}) \geq S(r_{\min})$，故

$$\text{RES}(r) = S(r_{\max}) - S(r_{\min}) \geq 0 \tag{2.21}$$

进一步，当 $r_{\min} \to -\infty$ 时，有

$$S(-\infty) = \lim_{r_{\min} \to -\infty} S(r_{\min}) = \min(\{\tilde{e}_k\}_{k=1}^n) \tag{2.22}$$

类似地，当 $r_{\max} \to +\infty$ 时，有

$$S(+\infty) = \lim_{r_{\max} \to +\infty} S(r_{\max}) = \max(\{\tilde{e}_k\}_{k=1}^n) \tag{2.23}$$

根据 RES 的定义，可得

$$\text{RES}(r) = S(r_{\max}) - S(r_{\min}) \leq S(+\infty) - S(-\infty) \tag{2.24}$$

将式(2.22)和式(2.23)代入式(2.24)，得

$$\text{RES}(r) \leq S(+\infty) - S(-\infty) = \max(\{\tilde{e}_k\}_{k=1}^n) - \min(\{\tilde{e}_k\}_{k=1}^n) \tag{2.25}$$

根据式(2.21)和式(2.25)，得

$$0 \leq \text{RES} \leq \max(\{\tilde{e}_k\}_{k=1}^n) - \min(\{\tilde{e}_k\}_{k=1}^n) \tag{2.26}$$

证毕。

2.3.3　面积误差谱度量

如图 2.1 所示，关于误差谱曲线有两个面积 R_1 和 R_2，称 R_1 为区间误差

谱诱导的面积误差谱(A_{RES}),R_2 为动态误差谱诱导的面积误差谱(A_{DES})。

根据误差谱的性质和区间误差谱的定义,可得区间误差谱诱导的面积误差谱:

对于给定的 e,令 $f^{-1}(S(r))$ 为 $f(e,r)$ 的反函数,且一定存在,因为 $S(r)$ 关于 r 是严格递增的[2]。记 $f(e,r)$ 的反函数为

$$r = f^{-1}(S(r)) \tag{2.27}$$

根据式(2.27),给定集合 $\{r_j\}_{j=1}^m$,可得区间误差谱诱导的面积误差谱的定义为

$$A_{RES} = \int_{S(r_1)}^{S(r_m)} f^{-1}(S(r)) \, dS(r) \tag{2.28}$$

根据蒙特卡罗积分法,式(2.28)可近似为

$$A_{RES} = \int_{S(r_1)}^{S(r_m)} f^{-1}(S(r)) \, dS(r) \approx \frac{S(r_m) - S(r_1)}{m} \sum_{j=1}^m f^{-1}(S(r_j)) \tag{2.29}$$

由于 $f^{-1}(S(r))$ 难以获得,式(2.29)进一步可近似为

$$A_{RES} \approx \frac{S(r_m) - S(r_1)}{m} \sum_{j=1}^m (r_j - r_1) \tag{2.30}$$

又根据区间误差谱的定义,得

$$A_{RES} \approx RES \times \left(\frac{1}{m} \sum_{j=1}^m (r_j - r_1) \right) \tag{2.31}$$

同理,根据动态误差谱的定义,可以得到动态误差谱诱导的面积误差谱:

$$A_{DES} = \int_{r_1}^{r_n} S(r) \, dr \approx (r_n - r_1) \frac{1}{n} \sum_{j=1}^n S(r_j) \approx (r_n - r_1) \times DES^{AEE} \tag{2.32}$$

对于给定的集合 $\{r_j\}_{j=1}^m$,令

$$\begin{cases} c_1 = r_m - r_1 \\ c_2 = \dfrac{1}{m} \sum_{j=1}^m (r_j - r_1) \end{cases} \tag{2.33}$$

则 c_1 和 c_2 为两个常数。

因此,根据式(2.30)和式(2.32),得

$$\begin{cases} A_{DES} = c_1 \times DES^{AEE} \\ A_{RES} = c_2 \times RES \end{cases} \tag{2.34}$$

可见 A_{DES} 和 A_{RES} 分别是对 DES^{AEE} 和 RES 值的放大,因此称为诱导的面积误差谱。

2.3.4 体积误差谱度量

根据误差谱度量的定义,将其推广到动态系统中。假设在某一时间段 $[t_1, t_m]$ 内获得一组数据 $\lambda(t) = (\lambda_1(t), \lambda_2(t), \cdots, \lambda_n(t))$,其中 $\lambda(t) > 0$,则当 $r \in [-\infty, +\infty]$ 时,代入误差谱,得

$$S_{\lambda(t)}(r,t) = \int_{t_1}^{t_m} \{E[(\lambda(t))^r]\}^{1/r} dt = \int_{t_1}^{t_m} \left\{\int \lambda(t)^r dF(\lambda(t))\right\}^{1/r} dt$$

$$= \begin{cases} \int_{t_1}^{t_m} \left(\int \lambda(t)^r f(\lambda(t)) d\lambda(t)\right)^{1/r} dt & (\lambda(t) \text{ 为连续变量}) \\ \int_{t_1}^{t_m} \left(\sum \lambda(t)_i^r p(\lambda(t))_i\right)^{1/r} dt & (\lambda(t) \text{ 为离散变量}) \end{cases}$$

(2.35)

其中:$F(\lambda(t))$,$p(\lambda(t))$,$f(\lambda(t))$ 分别为 $\lambda(t)$ 的分布函数、概率分布函数和分布律。

进一步令 $t \in [t_1, t_m] = \{t_j\}_{j=1}^m$,得到体积误差谱度量的定义为

当 $r \neq 0$ 时:

$$S_{\lambda(t)}(r,t) = \frac{1}{m}\sum_{j=1}^{m}\left\{\frac{1}{n}\sum_{i=1}^{n}[\lambda_i(t_j)]^r\right\}^{1/r} \quad (2.36)$$

当 $r = 0$ 时:

$$S_{\lambda(t)}(r,t) = \frac{1}{m}\sum_{j=1}^{m}\left\{\prod_{i=1}^{n}\lambda_i(t_j)\right\}^{1/r} \quad (2.37)$$

由式(2.36)和式(2.37)可得体积误差谱的定义为

$$S_{\lambda(t)}(r,t) = \begin{cases} \frac{1}{m}\sum_{j=1}^{m}\left\{\frac{1}{n}\sum_{i=1}^{n}[\lambda_i(t_j)]^r\right\}^{1/r} & (r \neq 0) \\ \frac{1}{m}\sum_{j=1}^{m}\left\{\prod_{i=1}^{n}\lambda_i(t_j)\right\}^{1/r} & (r = 0) \end{cases}$$

(2.38)

2.4 本章小结

本章基于误差谱曲线的特征和动态误差谱的性质,提出了两种新的性能度量方法——区间误差谱度量和面积误差谱度量。首先分析了误差谱曲

线的特征,提出了区间误差谱度量,该度量方法反映了误差谱曲线的平缓程度,即误差分布的相对集中程度;然后利用面积的思想,提出了两种面积误差谱度量——区间误差谱诱导的面积误差谱和动态误差谱诱导的面积误差谱。区间误差谱诱导的面积误差谱仍反映了误差谱曲线的平缓程度;动态误差谱诱导的面积误差谱刻画了系统的精度。仿真表明:新的度量方法能够更加真实、公正地反映系统的性能。

第3章 基于多目标优化理论的增强误差谱度量方法研究

3.1 引　言

第2章给出了基于区间和面积的误差谱度量方法,并且利用区间误差谱和动态误差谱诱导出两种面积误差谱度量方法。这两种面积误差谱度量方法从不同的角度反映了系统的性能。区间误差谱诱导的面积误差谱越小,说明系统的误差谱曲线越平缓,系统的误差分布越集中;而动态误差谱诱导的面积误差谱越小,表明系统的误差越小,即系统的精度越高。显然,如果上述两种诱导面积误差谱都越小,则表明系统的性能越好。因此,无论是参数估计评估还是状态估计评估,综合考虑这两种诱导的面积误差谱能够更加全面地反映系统的性能。如何在性能评估中考虑这两种面积误差谱是一个值得研究的问题。

本质上讲,综合考虑这两种诱导的面积误差谱的问题可转化成多目标优化问题中的双目标优化问题。本章首先利用多目标优化的模型综合考虑两种诱导的面积误差谱;然后提出了两种不同形式的增强误差谱度量方法,即代数均值形式的增强误差谱和几何均值形式的增强误差谱;最后用上述两种形式的增强误差谱对参数估计和状态估计进行评估。

3.2 增强误差谱度量方法研究

多目标优化问题诞生于1772年,Franklin首次提出了如何优化多个矛盾目标的问题[107]。直到1896年,法国经济学家Pareto从政治经济学的角度将许多不好比较的目标归纳成多目标优化问题[108]。此后数学家Hausdoff研究的有序空间理论为解决多目标优化问题提供了理论工具。紧接着Koopmans首次提出了Pareto最优解的概念[109],进一步促进了多目标优化问题的求解。至今为止,出现了许多求解多目标优化问题的方法。例如

Holland 提出的遗传算法[110-112]，多目标进化算法[113-115]和非支配排序遗传算法[116]及其改进 NSGA – II[117-118]。下面首先分析现有的多目标优化方法。

3.2.1 多目标优化方法分析

多目标优化问题是指使多个目标函数在给定的区域上都尽可能地达到最优的问题。一般情况，对于一个具有 m 个决策变量和 M 个目标变量的多目标优化问题，可用如下数学模型表示[119]：

$$\text{Minimize } y = \boldsymbol{F}(x) = [f_1(x), f_2(x), \cdots, f_M(x)]^\text{T}$$
$$\text{subject to } \begin{cases} q_a(x) \leq 0 & (a = 1, 2, \cdots, Q) \\ h_b(x) = 0 & (b = 1, 2, \cdots, H) \end{cases} \quad (3.1)$$

式中：M, Q, H 分别为目标函数、不等式约束和等式约束的个数；$x = (x_1, x_2, \cdots, x_m)^\text{T}$ 为 m 维决策矢量，$x \in X, X \subset \mathbf{R}^m$，$X$ 为 m 维决策空间；$q_a(x)$ 为 Q 个不等式约束；$h_b(x)$ 为 H 个等式约束；$\boldsymbol{F}(x) = [f_1(x), f_2(x), \cdots, f_M(x)]^\text{T}$ 为 M 个由决策空间到目标空间的映射函数。

通常情况下，人们将多目标优化问题转化成单目标优化问题，然后再借助一系列的数学工具来求解。下面分析现有的转化方法。

1. 加权指数和方法

加权指数和方法先将每个目标函数分配一个相同的指数值，然后再给分配后的目标函数加上权重，最后得到一个单目标函数，其定义如下：

$$U(f_1(x), f_2(x), \cdots, f_M(x)) = \sum_{i=1}^M \omega_i [f_i(x)]^p \quad (3.2)$$

或

$$U(f_1(x), f_2(x), \cdots, f_M(x)) = \sum_{i=1}^M [\omega_i f_i(x)]^p \quad (3.3)$$

式中：ω_i 为权重，权重的值代表对应目标函数的重要程度，满足 $\sum_{i=1}^M \omega_i = 1$ 和 $\forall i, \omega_i \geq 0$；$U(\cdot)$ 表示单目标函数；$p \in \mathbf{R}$，为用来升高和降低目标函数的值。

此外，为了便于计算，文献[120-122]将式(3.2)和式(3.3)分别扩展为

$$U(f_1(x), f_2(x), \cdots, f_M(x)) = \left\{ \sum_{i=1}^M \omega_i [f_i(x) - \min\{f_i(x)\}_{i=1}^M]^p \right\}^{1/p} \quad (3.4)$$

和

$$U(f_1(x), f_2(x), \cdots, f_M(x)) = \left\{ \sum_{i=1}^{M} \left[\omega_i (f_i(x) - \min \{f_i(x)\}_{i=1}^{M}) \right]^p \right\}^{1/p} \tag{3.5}$$

式中：$\min \{f_i(x)\}_{i=1}^{M}]^p$ 称为理想点（UP）。

2. 加权和方法

根据加权指数和方法，Zadeh[123]和Geoffrion[124]又提出了加权和的方法，具体定义如下：

令 $p=1$，由式（3.2）可得加权和方法（WSM）的定义为

$$U(f_1(x), f_2(x), \cdots, f_M(x)) = \sum_{i=1}^{M} \omega_i f_i(x) \tag{3.6}$$

可见，式（3.6）是目标函数的代数均值。加权和方法最大的优点是不同的权重组合，可得到不同的Pareto最优解。并且，对于Pareto最优前端为凸的多目标优化问题，仍然能获得Pareto最优解。但缺点也很明显，即权重的选取与各个目标函数的相对重要程度密切相关。

3. 加权乘积法

为了使目标函数在不同顺序的重要性中拥有同样的意义以及避免变换目标函数，另一种常用的方法是加权乘积法（WPM）。该方法在1922年由Bridgman[125]首次提出，1978年Gerasimov和Repko将其成功应用于求解多目标优化问题[126]。下面给出加权乘积法的定义：

$$U(f_1(x), f_2(x), \cdots, f_M(x)) = \prod_{i=1}^{M} f_i(x)^{\omega_i} \tag{3.7}$$

特别地，$\forall i$，令 $\omega_i = 1/M$，得

$$U(f_1(x), f_2(x), \cdots, f_M(x)) = \prod_{i=1}^{M} f_i(x)^{1/M} = \exp\left\{ \frac{1}{M} \sum_{i=1}^{M} \ln f_i(x) \right\} \tag{3.8}$$

显然，式（3.8）为目标函数的几何均值。

除上述列举的方法之外，还有很多多目标转换成单目标的方法，例如目标规划法[127]、ε-约束法[128]和最小-最大法[129-130]等。为了便于计算，本章采用加权和法和加权乘积法两种方法在评估中综合两种诱导的面积误差

谱度量。

第 2 章提出了两种诱导的面积误差谱，即 A_{RES} 和 A_{DES}。显然，期望一个估计器基于这两个诱导面积误差谱越小越好。因此，将上述多目标中的 x 与误差谱中 r 对应起来，令 $A_{\text{RES}} \sim f_1(r)$ 和 $A_{\text{DES}} \sim f_2(r)$，则综合考虑两个诱导的面积误差谱的评估问题就转化成了一个双目标的优化问题。但是如何联合这两个目标函数，即将其转换成单目标优化问题至关重要。本章将转化后的单目标函数称为增强误差谱（EES），其定义为

$$\text{EES} = U(A_{\text{RES}}, A_{\text{DES}}) = U(f_1(r), f_2(r)) \tag{3.9}$$

式中：$U(\cdot,\cdot)$ 为转化后的单目标函数。

下面主要研究代数均值形式的增强误差谱度量和几何均值形式的增强误差谱度量。

3.2.2 代数均值形式的增强误差谱度量

如果关于 A_{RES} 和 A_{DES} 的相对重要程度在评估中给定，即对应的权值给定，则可用代数均值形式定义增强误差谱度量，记为 EES_A：

$$\text{EES}_A = \sum_{i=1}^{2} \omega_i f_i(r) = \omega_1 A_{\text{RES}} + \omega_2 A_{\text{DES}} \tag{3.10}$$

式中：ω_1,ω_2 分别为 A_{RES} 和 A_{DES} 的权重。通常由使用方给定，满足 $\sum_{i=1}^{2} \omega_i = 1$。

由式(3.10)可知：

(1) 当 $\omega_1 > \omega_2$ 时，表示在评估中比较注重估计误差分布的相对集中度。

(2) 当 $\omega_1 < \omega_2$ 时，表示在评估中比较注重估计精度。

(3) 当 $\omega_1 = \omega_2$ 时，表示在评估中估计误差分布相对集中度和估计精度同等重要。

显然代数均值形式的增强误差谱度量形式简单，便于使用，但是代数均值的形式易受大的值主导。下面给出一个例子说明该增强误差谱度量的缺点。

假设有两个估计器 $\hat{x}_1$ 和 $\hat{x}_2$，其估计误差分别服从高斯分布：$\tilde{x}_1 \sim \mathcal{N}(100,1)$ 和 $\tilde{x}_2 \sim \mathcal{N}(100,1.5)$。它们的误差分布和误差谱曲线如图 3.1 和图 3.2 所示。

将误差谱曲线上的各点代入本章提出的 RES、A_{DES}、A_{RES} 和 EES_A 度量方法中，整理得到的结果如表 3.1 所列（为了计算 EES_A，此处假设 $\omega_1 = 0.4$，$\omega_2 = 0.6$，在实际的评估中，可根据先验知识确定二者的权重）。

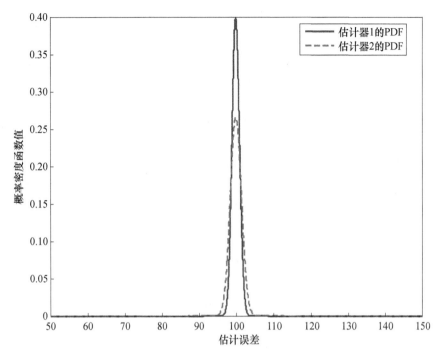

图 3.1 $\hat{x}_1$ 和 $\hat{x}_2$ 的估计误差分布

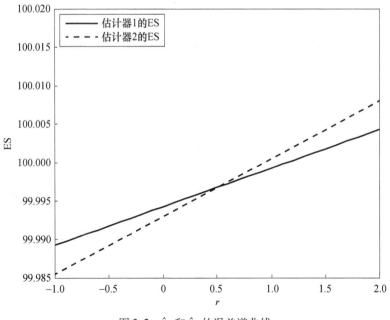

图 3.2 $\hat{x}_1$ 和 $\hat{x}_2$ 的误差谱曲线

表 3.1 不同度量方法的值

	DES^{GAE}	DES^{AEE}	RES	A_{DES}	A_{RES}	EES$_A$
估计器 1	99.9968	99.9968	0.0150	299.9903	0.0129	180.0032
估计器 2	99.9967	99.9967	0.0225	299.9902	0.0193	180.0076

显然，从表 3.1 中可知：

$$\text{EES}_A^1 = \text{EES}_A^2 \tag{3.11}$$

该度量方法得到的评估结果表明：估计器 1 和估计器 2 的性能不相上下。但是，由图 3.1 可知，估计器 1 估计误差分布的相对集中度高，与之对应的，估计器 1 的误差谱曲线要平缓些，如图 3.2 所示。因此，在估计精度一样时，估计误差分布越集中，表明估计越稳定，因此估计器 1 的性能要优于估计器 2。

即

$$\hat{x}_1 > \hat{x}_2 \tag{3.12}$$

通过分析，导致式（3.11）的主要原因是

$$\begin{cases} A_{DES}^1 \gg A_{RES}^1 \\ A_{DES}^2 \gg A_{RES}^2 \end{cases} \tag{3.13}$$

可见，EES$_A$ 忽略了小的值 A_{RES} 的作用，因此代数均值的形式易受大的值主导。为解决上述问题，下面定义几何均值形式的增强误差谱度量。

3.2.3 几何均值形式的增强误差谱度量

根据式（3.7）可得几何加权形式的增强误差谱度量：

$$\text{EES}_M^\omega = \prod_{i=1}^{2} f_i(r)^{\omega_i} = (A_{RES})^{\omega_1} \times (A_{DES})^{\omega_2} \tag{3.14}$$

同理，根据式（3.8），记 EES$_M$ 为几何均值形式的增强误差谱度量，则

$$\text{EES}_M = \prod_{i=1}^{2} f_i(r)^{1/2} = (A_{RES} \times A_{DES})^{1/2} \tag{3.15}$$

显然，EES$_M$ 越小系统的性能越好。此外，式（3.15）还表明在评估中估计误差分布的相对集中度和估计精度同等重要。

运用 EES$_M$ 评估图 3.1 中的两个估计器，可得

$$\text{EES}_M^1 = 1.96 < \text{EES}_M^2 = 2.40 \tag{3.16}$$

即

$$\hat{x}_1 > \hat{x}_2 \tag{3.17}$$

可见,运用 EES$_M$ 得到的评估结果与实际中期望选择的结果一致。

3.2.4 指数形式的增强误差谱度量

指数形式的增强误差谱为

$$\text{EES}_{ep} = \sum_i g(\omega_i) U(A_{\text{RES}}, A_{\text{DES}}, \eta_i) = g(\omega_1) \exp(\eta_1 A_{\text{RES}})$$
$$+ g(\omega_2) \exp(\eta_2 A_{\text{DES}}) \tag{3.18}$$

令 $A_1 = \exp(A_{\text{RES}})$ 和 $A_2 = \exp(A_{\text{DES}})$,整理式(3.18),得

$$\text{EES}_{ep} = g(\omega_1) A_1^{\eta_1} + g(\omega_2) A_2^{\eta_2} \tag{3.19}$$

通常情况下,$\{\eta_1, \eta_2\}$ 将设置为一个常数。
进一步,令 $g(\omega_1) = (\omega_1)^{\eta_1}$ 和 $g(\omega_2) = (\omega_2)^{\eta_2}$,得

$$\text{EES}_{ep} = (\omega_1 A_1)^{\eta_1} + (\omega_2 A_2)^{\eta_2} \tag{3.20}$$

若令 $g(\omega_1) = \exp(\eta_1 \omega_1) - 1$ 和 $g(\omega_2) = \exp(\eta_2 \omega_2) - 1$,则

$$\text{EES}_{ep} = (\exp(\eta_1 \omega_1) - 1) \exp(\eta_1 A_{\text{RES}}) + (\exp(\eta_2 \omega_2) - 1) \exp(\eta_2 A_{\text{DES}}) \tag{3.21}$$

综上所述,在评估中如果已知估计精度和估计误差分布相对集中度的重要性时(两种诱导的面积误差谱度量在评估中权重确定时),选用 EES$_A$ 比较合理。当误差中存在异常值时,选用几何均值形式 EES$_M^\omega$ 比较合理。

为了进一步说明 EES$_A$ 和 EES$_M^\omega$ 的正确性和优越性,下面分别将这两种形式的度量方法应用于参数估计和状态估计中进行评估。

3.3 动态误差谱度量方法研究

文献[42-43]提出了动态误差谱度量(DES)。通过研究发现,动态误差谱度量在任意时刻,都将误差谱曲线沿 r 轴方向压缩成一个点。也就是说,动态误差谱度量实际上是在某一时刻,对误差谱曲线上所有指标的平均。这样,动态误差谱度量将动态系统中误差谱三维图形转换成一条二维的曲线,以期望能够直观地比较两系统性能的好坏。文献[5,42-43]给出了 3 种动态误差谱度量形式,即线性加权综合法、代数均值综合法和几何均值综合法,下面简单介绍这 3 种动态误差谱。

3.3.1 基于线性加权形式动态误差谱度量

令 $\{r_j\}_{j=1}^m$ 为评估时的误差谱部分曲线段对应 r 的集合。假设根据先验

知识得到每个 r_j 对应的权值 ω_j，其中 $0 \leq \omega_j \leq 1$，且 $\sum_{j=1}^{m} \omega_j = 1$，则在时刻 t，线性加权综合法的动态误差谱的定义为

$$\mathrm{DES}(\omega, r, t) = \sum_{j=1}^{m} \omega_i S(r_j, t) \qquad (3.22)$$

显然，给定误差 e 和 r 的范围后，线性加权形式的动态误差谱的评估结果仅依赖于权值。通常情况下，可采用主成分分析和蒙特卡罗的方法确定权值[5]。但在没有先验信息的条件下，线性加权形式的动态误差谱很难计算。为避免这个缺陷，下面给出代数均值综合法的动态误差谱定义。

3.3.2　基于代数均值形式动态误差谱度量

给定集合 $\{r_j\}_{j=1}^{m}$，代数均值综合法的动态误差谱的定义为

$$\mathrm{DES}^{\mathrm{AEE}}(r, t) = \frac{1}{r_m - r_1} \int_{r_1}^{r_m} S(r, t)\,\mathrm{d}r \approx \frac{1}{m} \sum_{j=1}^{m} S(r_j, t) \qquad (3.23)$$

显然，代数均值综合法的动态误差谱是某一时刻的误差谱在 r 轴方向的平均值。如前所述，代数均值的形式易受大 $S(r_j, t)$ 的值主导。然而根据几何均值形式的性质，则既不受大的误差主导又不受小的误差支配，即"均衡性"。

3.3.3　基于几何均值形式动态误差谱度量

给定集合 $\{r_j\}_{j=1}^{m}$，则几何均值综合法的动态误差谱为

$$\mathrm{DES}^{\mathrm{GAE}}(r, t) = \exp\left(\frac{1}{r_m - r_1} \int_{r_1}^{r_m} \ln S(r, t)\,\mathrm{d}r\right) \approx \exp\left(\frac{1}{m} \sum_{j=1}^{m} \ln S(r_j, t)\right)$$

$$(3.24)$$

综合上述 3 种动态误差谱的形式，可见动态误差谱克服了误差谱应用上的缺陷，实现了在动态系统中的性能评估。但是，动态误差谱仍然存在两个缺陷：

(1) 动态误差谱利用均值的形式给出评估结果，当均值相等时，无法区分或比较系统间性能的好坏。

(2) 动态误差谱将某一时刻的误差谱，沿 r 轴方向压缩成一个点，评估中会损失很多误差信息。

下面举例说明动态误差谱的上述缺陷。假设 5 个估计器的误差分布分

别如下：

$$\begin{cases} p_1(\tilde{x}) = \mathcal{N}(\tilde{x},0,2.5) \\ p_2(\tilde{x}) = \mathcal{U}(\tilde{x},-\sqrt{15.5},\sqrt{15.5}) \\ p_3(\tilde{x}) = \alpha\mathcal{N}(\tilde{x},-0.5,0.2) + \beta\mathcal{N}(\tilde{x},0,0.2) + \alpha\mathcal{N}(\tilde{x},0.5,0.2) \\ p_4(\tilde{x}) = 0.5\mathcal{N}(\tilde{x},-0.8,0.19) + 0.5\mathcal{N}(\tilde{x},0.8,0.19) \\ p_5(\tilde{x}) = 0.5\mathcal{N}(\tilde{x},0,1.8) + 0.5\mathcal{N}(\tilde{x},0,0.8) \\ p(\tilde{x}) = \mathcal{N}(\tilde{x},0,0.5) \end{cases}$$
(3.25)

式中：$\alpha = 0.0192, \beta = 1 - 2\alpha$[38]；$\mathcal{N}(\tilde{x},\mu,\sigma^2)$ 是均值为 μ、方差为 σ^2 的高斯分布；$\mathcal{U}(\tilde{x},a,b)$ 是位置参数为 a、尺度参数为 b 的均匀分布；$p(\tilde{x})$ 为期望的误差概率密度函数。

根据上述误差的概率密度函数，通过100000次蒙特卡罗仿真后，对于每一个估计器，它们的概率密度曲线和误差谱曲线分别如图3.3(a)和图3.3(b)所示。

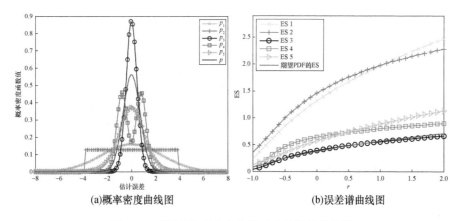

(a)概率密度曲线图　　　　(b)误差谱曲线图

图3.3　不同的概率密度曲线对应的误差谱曲线

将上述误差谱代入几何均值综合法的动态误差谱中，得

$$\begin{cases} \text{DES}^{p_1} = \text{DES}^{p_2} = 1.600 \\ \text{DES}^{p} = \text{DES}^{p_3} = 0.440 \\ \text{DES}^{p_5} = \text{DES}^{p_4} = 0.700 \end{cases}$$
(3.26)

式(3.26)表明，左边的估计器的性能和右边的估计器性能一样，即利用动态误差谱评估这5个估计器时，得到它们的性能排序为

$$\begin{cases} p_2 = p_1 \\ p_3 = p \\ p_4 = p_5 \end{cases} \tag{3.27}$$

可见,在这种情况下,动态的误差谱无法区分上述估计器的好坏。

但是从图 3.3(a)中可以看出,相比于期望的估计器 p 概率密度函数,估计器 p_3 的误差大多数集中在零附近,且方差最小。因此,估计器 p_3 的性能比期望的估计器 p 要好。同理,估计器 p_4 的误差比估计器 p_5 更加集中于零附近,因此估计器 p_4 的性能比估计器 p_5 要好。与之相似的,估计器 p_2 比估计器 p_1 的性能要好。

因此,实际中期望得到上述 5 个估计器的性能排序为

$$\begin{matrix} p_2 > p_1 \\ p_3 > p \\ p_4 > p_5 \end{matrix} \tag{3.28}$$

但是,利用动态误差谱评估无法区分它们的好坏,因为动态误差谱这种简单的平均导致了许多信息的缺失[45],也就是说动态误差谱度量把误差谱度量又"还原"成非综合误差度量了。

3.4 增强误差谱度量在参数估计中的评估

本节使用文献[2]和文献[4]中的例子,验证上述增强误差谱度量方法的正确性。

3.4.1 仿真试验设计

给定一个简单的噪声量测:

$$z = x + v \tag{3.29}$$

式中:v 服从标准高斯分布,即 $v \sim \mathcal{N}(0,1)$;x 是一个随机变量,服从参数为 λ 的如下分布:

$$f(x) = \begin{cases} \lambda \exp(-\lambda x) & (x > 0) \\ 0 & (x \leqslant 0) \end{cases} \tag{3.30}$$

根据文献[4]可得最大后验概率(MAP)估计为

$$\hat{x}^{\mathrm{MAP}}(\lambda) = \max(z - \lambda, 0) \tag{3.31}$$

以及最小均方差(MMSE)估计为

$$\hat{x}^{\mathrm{MMSE}}(\lambda) = \frac{1}{\sqrt{2\pi}(1-\Phi(\lambda-z))}\exp\left(\frac{-(z-\lambda)^2}{2}+z-\lambda\right) \quad (3.32)$$

式中:$\Phi(\cdot)$为标准正态分布的累积分布函数。

根据式(3.29)可得到 MAP 估计的估计误差为

$$\tilde{x}^{\mathrm{MAP}}(\lambda) = x(\lambda) - \hat{x}^{\mathrm{MAP}}(\lambda) = x(\lambda) - \max(x(\lambda)+v-\lambda, 0) \quad (3.33)$$

同理,根据式(3.30)得到 MMSE 估计的估计误差为

$$\begin{aligned}\tilde{x}^{\mathrm{MMSE}}(\lambda) &= x(\lambda) - \hat{x}^{\mathrm{MMSE}}(\lambda)\\ &= x(\lambda) - \frac{1}{\sqrt{2\pi}(1-\Phi(\lambda-z))}\exp\left(\frac{-(z-\lambda)^2}{2}+z-\lambda\right)\end{aligned} \quad (3.34)$$

进一步根据文献[131]可得,式(3.32)的近似计算公式为

$$\tilde{x}^{\mathrm{MMSE}}(\lambda) = \lambda - v - \left(0.661\times(\lambda-z) + 0.3999\times\sqrt{(\lambda-z)^2+5.51}\right) \quad (3.35)$$

根据式(3.33)和式(3.35),利用两种增强误差谱度量方法评估参数 λ 相等情况和不相等情况时 MAP 估计器和 MMSE 估计器的性能。

3.4.2 MAP 估计器和 MMSE 估计器中参数 λ 相等情况

假设真值 x 由分布 $\tilde{x} \sim f(\lambda) = \lambda\exp(-\lambda\tilde{x})$ 产生,令 $\tilde{x}^{\mathrm{MAP}}(\lambda_1 = 1.8)$ 和 $\tilde{x}^{\mathrm{MMSE}}(\lambda_2 = 1.8)$,根据式(3.33)和式(3.35),随机产生 100000 个误差,则 MAP 和 MMSE 估计的误差分布和误差谱曲线分别如图 3.4 和图 3.5 所示。

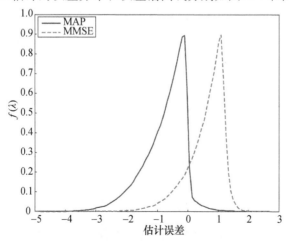

图 3.4 参数 λ 相等时 MAP 估计和 MMSE 估计的估计误差分布

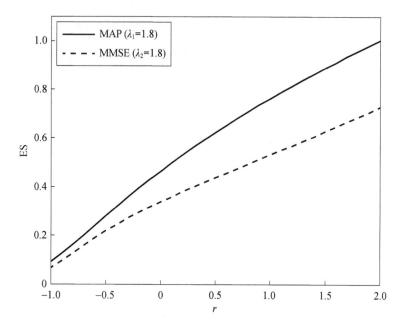

图 3.5　参数 λ 相等时 MAP 估计和 MMSE 估计的误差谱曲线

图 3.5 表明 MMSE 估计的误差谱曲线比 MAP 估计的误差谱曲线低,因此在参数 $\lambda=1.8$ 时,MMSE 估计的性能比 MAP 估计的性能要好。

为了说明本章提出的 RES、A_{DES}、A_{RES}、EES_A 和 EES_M 度量方法的正确性,将误差谱曲线上的各点代入相应度量方法中,整理得到的结果如表 3.2 所列。

表 3.2　参数 λ 相等时不同度量方法的值

方法	DES	RES	A_{DES}	A_{RES}	EES_A	EES_M
MMSE	0.42	1.27	0.68	1.02	1.17	1.29
MAP	0.59	1.78	0.93	1.39	1.62	2.47

显然,从表 3.2 中可知:

$$\begin{cases} DES^{MMSE} < DES^{MAP} \\ RES^{MMSE} < RES^{MAP} \\ A_{DES}^{MMSE} < A_{DES}^{MAP} \\ A_{RES}^{MMSE} < A_{RES}^{MAP} \\ EES_A^{MMSE} < EES_A^{MAP} \\ EES_M^{MMSE} < EES_M^{MAP} \end{cases} \quad (3.36)$$

即

$$\text{MMSE} > \text{MAP} \tag{3.37}$$

可见,所有的度量方法都说明,当参数 $\lambda = 1.8$ 时,MMSE 估计器的性能比 MAP 估计器的性能好,评估结果与实际相符。

3.4.3　MAP 估计器和 MMSE 估计器中参数 λ 不相等情况

类似于 3.3.2 节,当参数 λ 不同时,令 $\tilde{x}^{\text{MAP}}(\lambda_1 = 0.56)$ 和 $\tilde{x}^{\text{MMSE}}(\lambda_2 = 2.5)$,通过 100000 次蒙特卡罗仿真后,MAP 和 MMSE 的估计误差分布如图 3.6 所示。

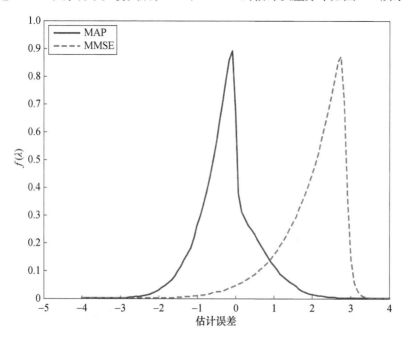

图 3.6　参数 λ 不相等时 MAP 估计和 MMSE 估计的估计误差分布

进一步得到 MAP 和 MMSE 的误差谱曲线如图 3.7 所示。图 3.7 说明,在区间 [-0.25,1.15] 内 MMSE 估计器的性能比 MAP 估计器的性能好,但是在区间 [-1.00,-0.25] 和 [1.15,2.00] 内 MAP 估计器的性能要优于 MMSE 估计器。

根据文献[6]中的估计器排序方法,因为区间 [-1.00,-0.25] 和 [1.15,2.00] 的绝对长度总和为 ((-0.25)-(-1.00))+(2-1.15)=1.6,这比区间 [-0.25,1.15] 的绝对长度 1.15-(-0.25)=1.4 要大,即 MAP 击败 MMSE 估计器的次数要多,则 MAP 估计器的性能总体上要优于

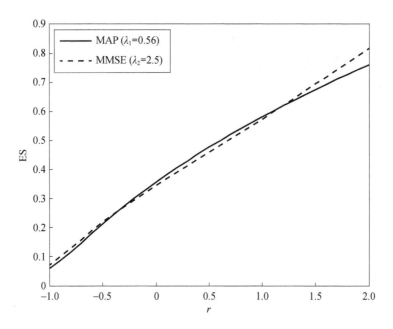

图 3.7 参数 λ 不相等时 MAP 估计和 MMSE 估计的误差谱曲线

MMSE 估计器，即

$$\text{MAP} > \text{MMSE} \tag{3.38}$$

但是用动态误差谱评估上述两个估计器，可得

$$\text{DES}^{\text{MMSE}} = \text{DES}^{\text{MAP}} = 0.4500 \tag{3.39}$$

即

$$\text{MAP} = \text{MMSE} \tag{3.40}$$

显然，针对这种情况，动态误差谱度量得出两个估计器的性能相当，即无法区分估计器 MMSE 和 MAP 的好坏。此外，利用动态误差谱诱导的面积误差谱评估，也得到同样的结果，因为二者的值之间相差一个常数。

用前面提出的 RES、A_{DES}、A_{RES}、EES_A 和 EES_M 度量方法评估上述估计器，结果如表 3.3 所列。

表 3.3 参数 λ 不相等时不同度量方法的值

方法	DES	RES	A_{DES}	A_{RES}	EES_A	EES_M
MMSE	0.45	0.75	1.36	1.02	1.17	1.29
MAP	0.45	1.78	1.36	1.39	1.62	2.47

显然，从表 3.3 中可得

$$A_{\text{DES}}^{\text{MMSE}} = A_{\text{DES}}^{\text{MAP}} \tag{3.41}$$

可见,此时利用 A_{DES} 评估时无法区分估计器的优劣。

根据表 3.3 进一步可得

$$\begin{cases} \text{RES}^{\text{MMSE}} > \text{RES}^{\text{MAP}} \\ A_{\text{RES}}^{\text{MMSE}} > A_{\text{RES}}^{\text{MAP}} \\ \text{EES}_A^{\text{MMSE}} > \text{EES}_A^{\text{MAP}} \\ \text{EES}_M^{\text{MMSE}} > \text{EES}_M^{\text{MAP}} \end{cases} \tag{3.42}$$

即

$$\text{MAP} > \text{MMSE} \tag{3.43}$$

式(3.43)表明,考虑了估计误差分布的相对集中度后,MAP 估计器的性能要优于 MMSE 估计器。这与采用文献[6]中的估计器排序方法得到的结果一致,因此评估结果可信。

综上所述,仅考虑估计器的精度 MMSE 估计器和 MAP 估计器性能相当。从估计误差分布的相对集中度看,MAP 估计器的性能要优于 MMSE 估计器。但是,综合考虑估计精度和估计误差分布的相对集中度后,MAP 估计器的性能要优于 MMSE 估计器。可见,采用本章提出的度量方法进行估计器的评估,更加真实、客观、可靠以及能够合理地反映出估计器性能的好坏。

此外,本章提出的增强误差谱度量方法既能用于参数估计的评估,还能用于状态估计的评估,下面进行验证。

3.5 增强误差谱度量在状态估计中的评估

利用增强误差谱度量进行状态估计评估时,需要用到动态增强误差谱度量。下面定义动态增强误差谱度量。

3.5.1 动态增强误差谱度量

给定时刻 t 时的 $e(t)$,可得误差谱关于时刻 t 的定义

$$\begin{aligned} S_{e(t)}(r,t) &= E[(e(t)^r)] = \int e(t)^r \mathrm{d}F(e(t)) \\ &= \begin{cases} \left(\int e(t)^r f(e(t)) \mathrm{d}e(t) \right)^{1/r} & (e(t) \text{ 为连续变量}) \\ \left(\sum e(t)_i^q p_i \right)^{1/r} & (e(t) \text{ 为离散变量}) \end{cases} \end{aligned} \tag{3.44}$$

由式(3.45)可得,动态区间误差谱的定义

$$\text{RES}(r,t) = S(r_{\max},t) - S(r_{\min},t) \quad (3.45)$$

进一步得到动态区间误差谱诱导的面积误差谱的定义:

$$A_{\text{RES}}(r,t) = \text{RES}(r,t) \times \left(\frac{1}{m} \sum_{j=1}^{m} (r_j - r_1) \right) \quad (3.46)$$

同理,得到动态误差谱诱导的面积误差谱关于 t 的定义:

$$A_{\text{DES}}(r,t) = (r_n - r_1) \times \text{DES}^{\text{AEE}}(r,t) \quad (3.47)$$

根据式(3.10)和式(3.15)可得两种动态增强误差谱度量的定义:

$$\text{EES}_A(r,t) = \sum_{i=1}^{2} \omega_i f_i(r,t) = \omega_1 A_{\text{RES}}(r,t) + \omega_2 A_{\text{DES}}(r,t) \quad (3.48)$$

和

$$\text{EES}_M(r,t) = \prod_{i=1}^{2} f_i(r,t)^{1/2} = (A_{\text{RES}}(r,t) \times A_{\text{DES}}(r,t))^{1/2} \quad (3.49)$$

下面通过试验验证上述两种动态增强误差谱度量的正确性。

3.5.2 仿真试验设计

1. 目标运动模型

为了验证增强误差谱度量的正确性和优越性,假设目标的运动模型:首先,目标以匀速运动到 $t = 50\text{s}$ 时刻;其次,在时间间隔 $[50\text{s}, 70\text{s}]$,目标转为匀加速运动,在 $t = 70\text{s}$ 时刻,目标又变成匀速运动,直到时间间隔 $[120\text{s}, 150\text{s}]$,目标又转为匀加速运动;最后在 $[150\text{s}, 200\text{s}]$ 时刻,目标又变成匀速运动。

2. 匀速模型和匀加速模型

分别采用匀速模型(CV)和匀加速模型(CA)对目标进行跟踪,相应的状态转移矩阵为

$$\boldsymbol{F}_{\text{CV}} = \begin{bmatrix} 1 & T & 0 & 0 \\ 0 & 1 & 0 & 0 \\ 0 & 0 & 1 & T \\ 0 & 0 & 0 & 1 \end{bmatrix} \quad (3.50)$$

和

$$F_{CA} = \begin{bmatrix} 1 & T & 0.5T^2 & 0 & 0 & 0 \\ 0 & 1 & T & 0 & 0 & 0 \\ 0 & 0 & 1 & 0 & 0 & 0 \\ 0 & 0 & 0 & 1 & T & 0.5T^2 \\ 0 & 0 & 0 & 0 & 1 & T \\ 0 & 0 & 0 & 0 & 0 & 1 \end{bmatrix} \quad (3.51)$$

量测矩阵为

$$\begin{cases} H_{CV} = \begin{bmatrix} 1 & 0 & 1 & 0 \end{bmatrix} \\ H_{CA} = \begin{bmatrix} 0 & 0 & 1 & 0 & 0 & 1 \end{bmatrix} \end{cases} \quad (3.52)$$

此处,假设过程噪声服从均值为零、协方差分别为 $Q_{CV} = Q_{CA} = 0.1$ 的高斯白噪声;同样地,量测噪声也假设服从均值为零,协方差为 $R_{CV} = R_{CA} = 0.1$ 的高斯白噪声;并且过程噪声和量测噪声之间相互独立。

3.5.3 仿真结果分析

通过 500 次蒙特卡罗仿真,时间为 200s,可得 CV 模型与 CA 模型跟踪目标的位置误差。进一步得到 $\text{EES}_A(r,t)$、$\text{EES}_M(r,t)$ 和 $\text{DES}^{\text{AEE}}(r,t)$ 的曲线如图 3.8 所示。

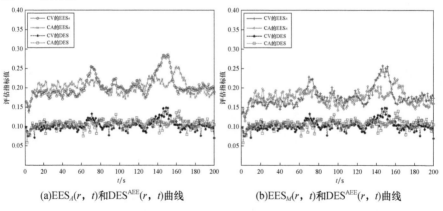

图 3.8 CV 模型和 CA 模型的动态增强误差谱曲线

为说明代数均值形式和几何均值形式的增强误差谱度量的正确性和有效性,分别选取时刻为 $t_1 = 50\text{s}$ 和 $t_2 = 100\text{s}$ 时,CV 模型和 CA 模型的误差谱曲线,如图 3.9 和图 3.10 所示。

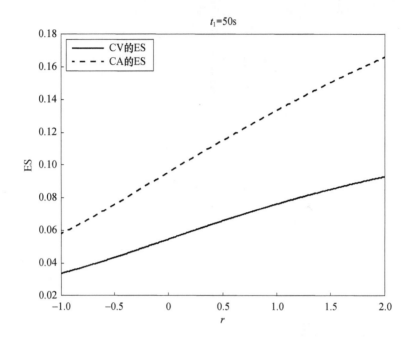

图 3.9　$t_1 = 50\text{s}$ 时 CV 模型和 CA 模型的误差谱曲线

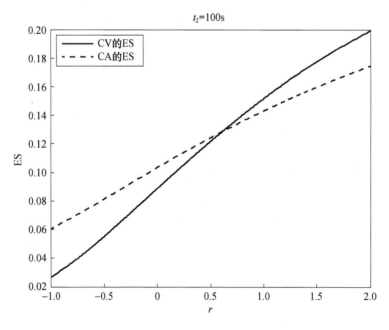

图 3.10　$t_2 = 100\text{s}$ 时 CV 模型和 CA 模型的误差谱曲线

1. 未做机动时的情形

在时间间隔$[0,50\mathrm{s}]$,CV 模型与目标运动模型匹配,而 CA 模型与目标模型不匹配。显然,CV 模型的性能比 CA 模型的性能要好。与之对应的,如图 3.8(a)和图 3.8(b)所示,在该段时间间隔,CV 模型的$\mathrm{DES}^{\mathrm{AEE}}(r,t)$、$\mathrm{EES}_A(r,t)$和$\mathrm{EES}_M(r,t)$曲线都低于 CA 模型,也说明了 CV 模型在该时间间隔比 CA 模型要好。

同时图 3.9 表明,在$t_1=50\mathrm{s}$时刻,CV 模型的误差谱曲线低于 CA 模型的误差谱曲线,也说明了 CV 模型优于 CA 模型。为了进一步说明增强误差谱度量方法的正确性,将误差谱各点代入本章的新度量方法,整理的结果如表 3.4 所列。

表 3.4 $t_1=50\mathrm{s}$ 时不同度量方法的值

方法	DES	A_{DES}	A_{RES}	EES_A	EES_M
CV	0.0960	0.2599	0.0942	0.1911	0.1565
CA	0.1131	0.3393	0.0993	0.2193	0.1836

由表 3.4 可得

$$\begin{cases}\mathrm{DES}(r,t_1)_{\mathrm{CV}} < \mathrm{DES}(r,t_1)_{\mathrm{CA}} \\ A_{\mathrm{DES}}(r,t_1)_{\mathrm{CV}} < A_{\mathrm{DES}}(r,t_1)_{\mathrm{CA}} \\ A_{\mathrm{RES}}(r,t_1)_{\mathrm{CV}} < A_{\mathrm{RES}}(r,t)_{\mathrm{CA}} \\ \mathrm{EES}_A(r,t_1)_{\mathrm{CV}} < \mathrm{EES}_A(r,t_1)_{\mathrm{CA}} \\ \mathrm{EES}_M(r,t_1)_{\mathrm{CV}} < \mathrm{EES}_M(r,t_1)_{\mathrm{CA}}\end{cases} \quad (3.53)$$

即

$$\mathrm{CV} > \mathrm{CA} \quad (3.54)$$

显然,评估结果与实际一致,因此评估结果可信。

2. 第一次机动时的情形

在时间间隔$[50\mathrm{s},70\mathrm{s}]$内,由于目标做匀加速运动。CA 模型与目标运动相匹配,而 CV 模型与目标真实运动不匹配,因此 CA 模型比 CV 模型的性能要好。与此对应的,如图 3.8 所示,CV 模型的$\mathrm{DES}^{\mathrm{AEE}}(r,t)$、$\mathrm{EES}_A(r,t)$和$\mathrm{EES}_M(r,t)$曲线都高于 CA 模型,也说明了 CV 模型在该时间间隔不如 CA 模型好。

3. 第一次机动后的情形

在时间间隔$[70\mathrm{s},120\mathrm{s}]$,目标完成一次机动后,又回到开始时的运动模型。如图 3.8 所示。在该时间间隔,用 $\mathrm{DES}^{\mathrm{AEE}}(r,t)$ 评估 CV 模型和 CA 模型,可得 CV 模型的性能比 CA 模型的性能好。但是 $\mathrm{EES}_A(r,t)$ 和 $\mathrm{EES}_M(r,t)$ 分别评估 CV 模型和 CA 模型,可得 CV 模型的性能不如 CA 模型的性能好。为了说明这种现象,取该时间间隔中的时刻 $t_2=100\mathrm{s}$,获得该时刻的误差谱曲线如图 3.10 所示。可见,CA 模型的误差谱曲线平缓,CA 模型估计误差分布比较集中。因此,考虑该因素后 CA 模型比 CV 模型性能好。计算该时刻各度量方法的值如表 3.5 所列。

表 3.5 $t_2=100\mathrm{s}$ 时不同度量方法的值

方法	DES	A_{DES}	A_{RES}	EES_A	EES_M
CV	0.1184	0.3552	0.1707	0.1426	0.2489
CA	0.1321	0.3964	0.1032	0.0862	0.2413

显然,根据表 3.5 可得

$$\begin{cases} \mathrm{DES}(r,t_2)_{\mathrm{CV}} < \mathrm{DES}(r,t_2)_{\mathrm{CA}} \\ A_{\mathrm{DES}}(r,t_2)_{\mathrm{CV}} < A_{\mathrm{DES}}(r,t_2)_{\mathrm{CA}} \end{cases} \quad (3.55)$$

即

$$\mathrm{CV} > \mathrm{CA} \quad (3.56)$$

可见动态误差谱认为此时 CV 模型比 CA 模型性能好。

然而

$$A_{\mathrm{RES}}(r,t_2)_{\mathrm{CV}} > A_{\mathrm{RES}}(r,t_2)_{\mathrm{CA}} \quad (3.57)$$

综合考虑估计精度和估计误差分布相对集中度,得

$$\begin{cases} \mathrm{EES}_A(r,t_2)_{\mathrm{CV}} > \mathrm{EES}_A(r,t_2)_{\mathrm{CA}} \\ \mathrm{EES}_M(r,t_2)_{\mathrm{CV}} > \mathrm{EES}_M(r,t_2)_{\mathrm{CA}} \end{cases} \quad (3.58)$$

即

$$\mathrm{CV} < \mathrm{CA} \quad (3.59)$$

综合考虑两种因素后,本章提出的增强误差谱度量认为 CA 模型比 CV 模型性能好,与实际结果一致[44]。

综上所述,在动态系统中,增强误差谱度量通过综合考虑估计精度和估计误差分布相对集中度使得评估结果更加真实、客观和可靠。

3.6 本章小结

本章基于第 2 章提出的区间误差谱诱导的面积误差谱和动态误差谱诱

导的面积误差谱度量方法,运用多目标优化理论,提出两种新的度量方法——代数均值形式和几何均值形式的增强误差谱度量方法。首先,详细分析了现有多目标优化方法的优缺点;然后,运用多目标优化的方法,给出了代数均值形式和几何均值形式的增强误差谱度量方法;最后,通过仿真验证了两种增强误差谱度量方法的正确性。仿真表明,本章所提的增强误差谱度量方法不仅能用于参数估计算法评估,而且还能用于状态估计算法评估,并且评估结果更加真实、客观和可靠。

第4章 基于幂均值误差的误差谱算法

4.1 引　　言

由第2章和第3章可知,区间误差谱、面积误差谱及增强误差谱度量的核心是误差谱。根据误差谱的定义,计算误差谱需要知道误差范数的分布。然而,在工程实际中,误差的分布很难获得,从而导致误差范数的分布难以获取。文献[41]在误差范数分布已知时,提出了基于梅林变换的误差谱算法。该算法针对目前主要的分布,推导了误差谱的解析计算公式。但是在工程实际中,因为误差范数的分布未知,所以基于梅林变换的误差谱解析计算公式则无法使用,进而使得误差谱很难在工程实际中评估应用。

为了解决误差谱的计算问题,本章首先分析基于梅林变换的误差谱算法的局限性;然后根据大数定理,利用大样本数据,提出基于幂均值误差的误差谱近似算法;进一步针对小样本数据,当误差分布形式已知、分布参数未知时,提出了改进自助-幂均值误差的误差谱近似算法。最后,通过仿真验证上述两种误差谱近似算法的正确性和可行性。

4.2 基于梅林变换的误差谱算法分析

为解决目标尺度变化的识别问题,1975年美国的Casasent教授提出了梅林变换[132-133],其一维变换分别为

$$\mathcal{M}(s) = \mathcal{M}\{f(t)\} = \int_0^\infty f(t) t^{s-1} dt \tag{4.1}$$

梅林变换与傅里叶变换之间联系密切,式(4.1)通过变量替换可得

$$\mathcal{M}\{f(t)\} \stackrel{s=-j\omega}{=} \int_0^\infty f(t) t^{-j\omega-1} dt \stackrel{t=e^s}{=} \int_{-\infty}^{+\infty} f(e^s) \exp(-j\omega s - s) de^s$$

$$= \int_{-\infty}^{+\infty} f(e^s) \exp(-jws) ds = \mathcal{F}\{f(e^t)\} \tag{4.2}$$

式中:$\mathcal{M}\{\cdot\}$表示梅林变换;$\mathcal{F}\{\cdot\}$表示傅里叶变换。

同式(4.1),假设$f(x,y)$为变量(x,y)的二维连续函数,p、q为实数,则梅林变换的二维变换为[134]

$$\mathcal{M}(p,q) = \mathcal{M}\{f(x,y)\} = \int_0^\infty \int_0^\infty f(x,y) x^{-(jp+1)} y^{-(jq+1)} \mathrm{d}x\mathrm{d}y \quad (4.3)$$

类似于式(4.2),令$\xi = \ln x$和$\mu = \ln y$,则通过变量替换可得

$$\begin{aligned}
\mathcal{M}(p,q) = \mathcal{M}\{f(x,y)\} &= \int_0^\infty \int_0^\infty f(x,y) x^{-(jp+1)} y^{-(jq+1)} \mathrm{d}x\mathrm{d}y \\
&= \int_0^\infty \int_0^\infty f(\exp(\xi), \exp(\eta)) \exp(-j(p\xi+q\eta)) \mathrm{d}\xi\mathrm{d}\eta \\
&= \int_0^\infty \int_0^\infty \mathcal{F}(\exp(\xi), \exp(\eta)) \exp(-j(p\xi+q\eta)) \mathrm{d}\xi\mathrm{d}\eta \\
&= \mathcal{F}\{\mathcal{F}(\xi,\eta)\}
\end{aligned} \quad (4.4)$$

式中:ξ和η分别满足:$-\infty < \xi < \infty$和$-\infty < \eta < \infty$。

根据式(4.3),得

$$\begin{aligned}
\mathcal{M}\{f(ax,by)\} &= \int_0^\infty \int_0^\infty f(ax,by) x^{-(jp+1)} y^{-(jq+1)} \mathrm{d}x\mathrm{d}y \\
&= a^{jp} b^{jq} \int_0^\infty \int_0^\infty f(ax,by)(ax)^{-(jp+1)}(ay)^{-(jq+1)} \mathrm{d}(ax)\mathrm{d}(ay) \\
&\stackrel{u=ax,v=by}{=} a^{jp} b^{jq} \mathcal{M}\{f(u,v)\}
\end{aligned} \quad (4.5)$$

两边取模,可得

$$|\mathcal{M}\{f(ax,by)\}| = |\mathcal{M}\{f(u,v)\}| = |\mathcal{M}\{f(x,y)\}| \quad (4.6)$$

可见,当函数按比例发生变化时,其变化前后的梅林变换的模不变。因此梅林变换在信号处理中得到了广泛的应用[135-136]。

根据第2章误差谱的定义可知,直接计算误差谱比较困难,因此李晓榕教授的团队提出了基于梅林变换的误差谱计算方法[41]。由式(2.15)和式(4.1),得

$$S(r) = [\mathcal{M}\{f(e), r+1\}]^{1/r} \quad (4.7)$$

式中:$f(e)$表示误差的范数服从某一特定的分布。显然当$f(e)$已知时,通过梅林变换可以得到误差谱的解析计算公式。下面给出一个简单的实例说明。假设误差范数e服从瑞利分布,即

$$f(e) = (e/k^2)\exp(-e^2/2k^2) \quad (4.8)$$

式中:k为瑞利分布的自由度,满足$k>0$;$\exp(\cdot)$表示指数函数。

将式(4.8)代入式(4.7),得

$$S(r) = [\mathcal{M}\{f(e), r+1\}]^{1/r} = \left\{\int_0^\infty e^r \frac{e}{k^2} \exp\left(\frac{-e^2}{2k^2}\right) \mathrm{d}e\right\}^{1/r} \quad (4.9)$$

第4章 基于幂均值误差的误差谱算法

令 $u = e^2/2k^2$,则 $e = k\sqrt{2u}$,代入式(4.9),得

$$\begin{aligned}
S(r) &= \left\{\int_0^\infty e^r \frac{e}{k^2}\exp\left(\frac{-e^2}{2k^2}\right)\mathrm{d}e\right\}^{1/r} \\
&\stackrel{e=k\sqrt{2u}}{=} \left\{\int_0^\infty \frac{(k\sqrt{2u})^{r+1}}{k^2}\cdot\frac{k}{\sqrt{2u}}\exp(-u)\mathrm{d}u\right\}^{1/r} \\
&= \left\{(k\sqrt{2})^r\int_0^\infty u^{(\frac{r}{2}+1)-1}\exp(-u)\mathrm{d}u\right\}^{1/r} = \sqrt{2}k\left\{\Gamma\left(\frac{r}{2}+1\right)\right\}^{1/r}
\end{aligned}$$
(4.10)

其中

$$\Gamma\left(\frac{r}{2}+1\right) = \int_0^\infty u^{(\frac{r}{2}+1)-1}\exp(-u)\mathrm{d}u \tag{4.11}$$

且 $r/2+1>0$,$\Gamma(\cdot)$ 表示伽马函数。

同理,当 $f(e)$ 服从卡方分布(Chi-squared)、威布尔分布(Weibull)、指数分布(Exponential)、均匀分布(Uniform)、伽马分布(Gamma)和贝塔分布(Beta)等分布时,利用梅林变换可得误差谱的解析计算公式,计算结果如表4.1所列[137]。

表4.1 常见分布的误差谱计算公式[41]

分布	概率密度函数	定义域	参数	误差谱计算公式	条件
Chi	$\dfrac{2^{1-(k/2)}e^{k-1}\exp(-e^2/2)}{\Gamma(k/2)}$	$e\geq 0$	$k>0$	$\left[\dfrac{2^{r/2}\Gamma((r+k)/2)}{\Gamma(k/2)}\right]^{1/r}$	$r+k>0$
Weibull	$(k/\lambda)(e/\lambda)^{k-1}\exp[-(e/\lambda)^k]$	$e\geq 0$	$\lambda>0,$ $k>0$	$\{\lambda^r\Gamma[(r+k)/k]\}^{1/r}$	$r+k>0$
Gamma	$[\beta^\alpha/\Gamma(\alpha)]e^{\alpha-1}\exp(-\beta e)$	$e>0$	$\alpha>0,$ $\beta>0$	$\left[\dfrac{\beta^{-r}\Gamma(r+\alpha)}{\Gamma(\alpha)}\right]^{1/r}$	$r+\alpha>0$
Inverse Gamma	$[\beta^\alpha/\Gamma(\alpha)]e^{-\alpha-1}\exp(-\beta/e)$	$e>0$	$\alpha>0,$ $\beta>0$	$[\beta^r\Gamma(\alpha-r)/\Gamma(\alpha)]^{1/r}$	$r-\alpha>0$
Beta	$e^{\alpha-1}(1-e)^{\beta-1}/B(\alpha,\beta)$	$1\geq e\geq 0$	$\alpha>0,$ $\beta>0$	$[B(r+\alpha,\beta)/B(\alpha,\beta)]^{1/r}$	$r+\alpha>0$
BetaPrime	$\dfrac{e^{\alpha-1}(1+e)^{-\alpha-\beta}}{B(\alpha,\beta)}$	$e>0$	$\alpha>0,$ $\beta>0$	$\left[\dfrac{\Gamma(r+\alpha)\Gamma(\beta-r)}{\Gamma(\alpha+\beta)B(\alpha,\beta)}\right]^{1/r}$	$r+\alpha>0$
F分布	$\dfrac{(m/n)^{m/2}e^{m/2-1}}{B(m/2,n/2)}\cdot$ $\left(1+\dfrac{m}{n}e\right)^{-\frac{m+n}{2}}$	$e\geq 0$	$m>0$ $n>0$	$\left[\dfrac{\Gamma\left(r+\dfrac{m}{2}\right)\Gamma\left(\dfrac{n}{2}-r\right)}{\left(\dfrac{m}{n}\right)^r\Gamma\left(\dfrac{m+n}{2}\right)B\left(\dfrac{m}{2},\dfrac{n}{2}\right)}\right]^{1/r}$	$-\dfrac{m}{2}<r$ $<\dfrac{n}{2}$

续表

分布	概率密度函数	定义域	参数	误差谱计算公式	条件
Exponential	$\lambda\exp(-\lambda x)$	$e \geq 0$	$\lambda > 0$	$[\Gamma(r+1)/\lambda^r]^{1/r}$	$r+1>0$
Rayleigh	$(e/\sigma^2)\exp(-e^2/2\sigma^2)$	$e \geq 0$	$\sigma > 0$	$\sqrt{2}\sigma[\Gamma(r/2+1)]^{1/r}$	$r+2>0$
Chi-squared	$\dfrac{e^{k/2-1}\exp(-e/2)}{2^{k/2}\Gamma(k/2)}$	$e \geq 0$	$k \in \mathbb{N}$	$\left[\dfrac{2^r\Gamma(r+k/2)}{\Gamma(k/2)}\right]^{1/r}$	$r+k/2>0$
Inverse Chi-squared	$\dfrac{e^{-k/2}e^{-k/2-1}\exp\left(-\dfrac{1}{2e}\right)}{2^{k/2}\Gamma(k/2)}$	$e > 0$	$k \in \mathbb{N}$	$\left[\dfrac{\Gamma(k/2-r)}{2^r\Gamma(k/2)}\right]^{1/r}$	$r-k/2>0$
Uniform	$1/a$	$a \geq e \geq 0$	$a > 0$	$a(r+1)^{-1/r}$	$r+1>0$
Pareto	$\alpha\beta^\alpha/e^{\alpha+1}$	$e \geq \beta$	$\alpha>0$, $\beta>0$	$[\alpha\beta^r/(\alpha-r)]^{1/r}$	$r<\alpha$
Half-normal	$\sqrt{2}\exp(-e^2/2\sigma^2)/\sigma\sqrt{\pi}$	$e \geq 0$	$\sigma > 0$	$\sqrt{2}\sigma\{\Gamma[(r+1)/2]/\sqrt{\pi}\}^{1/r}$	$r+1>0$

此外,如果误差范数的分布已知,分布参数未知,当样本量足够大时,可用样本 $e = \{e_i\}_{i=1}^n$ 来估计 e 的分布参数。但在工程实际中,误差的分布 $f(\tilde{x})$ 很难获得,从而误差范数 $f(e)$ 的分布不易知道。即使误差的分布 $f(\tilde{x})$ 已知,范数处理后的 $f(e)$ 更难知道。为了解决误差谱的计算问题,下面给出两种误差谱的近似算法。

4.3 基于大样本数据的幂均值误差的误差谱算法

误差谱实际上就是关于误差范数的幂均值[105-106]。因此,下面首先分析幂均值的由来,然后结合误差谱的定义给出基于幂均值的误差谱近似算法。

4.3.1 幂均值误差定义

在第2章,讨论了绝对误差谱度量,其中的均方根误差度量、算术平均误差度量、几何平均误差度量和调和平均误差度量满足如下关系[5, 138-139]:

$$\text{HAE}(\hat{\boldsymbol{x}}) \leq \text{GAE}(\hat{\boldsymbol{x}}) \leq \text{AEE}(\hat{\boldsymbol{x}}) \leq \text{RMSE}(\hat{\boldsymbol{x}}) \tag{4.12}$$

当且仅当 $\tilde{\boldsymbol{x}}_1 = \tilde{\boldsymbol{x}}_2 = \cdots = \tilde{\boldsymbol{x}}_n$ 时等号成立。

将均方根误差度量、算术平均误差度量、几何平均误差度量和调和平均误差度量的定义整理成如下形式:

$$\begin{cases} \mathrm{RMSE}(\hat{\boldsymbol{x}}) = \left(\dfrac{1}{M}\sum_{i=1}^{M}(\parallel \tilde{\boldsymbol{x}}_i\parallel)^2\right)^{1/2} \\ \mathrm{AEE}(\hat{\boldsymbol{x}}) = \left(\dfrac{1}{M}\sum_{i=1}^{M}(\parallel \tilde{\boldsymbol{x}}_i\parallel)^1\right)^{1/1} \\ \mathrm{GAE}(\hat{\boldsymbol{x}}) = \lim_{r\to 0}\left(\dfrac{1}{M}\sum_{i=1}^{M}(\parallel \tilde{\boldsymbol{x}}_i\parallel)^r\right)^{1/r} \\ \mathrm{HAE}(\hat{\boldsymbol{x}}) = \left(\dfrac{1}{M}\sum_{i=1}^{M}(\parallel \tilde{\boldsymbol{x}}_i\parallel)^{-1}\right)^{1/(-1)} \end{cases} \quad (4.13)$$

显然,根据几何平均误差度量的形式,可以得到上述误差度量的一般形式。

记误差范数 $e=\{e_i\}_{i=1}^{n}$, $e^r=\{e_i^r\}_{i=1}^{n}$, $\mathbf{R}^*$ 满足 $\mathbf{R}^*=\{r:r\in\mathbf{R}$ 和 $r\ne 0\}$, $\mathbf{R}$ 为实数,则得到幂均值误差(PME)的定义为[105-106]

$$S(r)\approx \mathrm{PME}(r)=\mathrm{PME}_e(r)=\begin{cases} \left\{\dfrac{1}{n}\sum_{i=1}^{n}e_i^r\right\}^{1/r} & (r\in\mathbf{R}^*) \\ \mathrm{GAE}(e) & (r=0) \\ \max(\{e_i\}_{i=1}^{n}) & (r=+\infty) \\ \min(\{e_i\}_{i=1}^{n}) & (r=-\infty) \end{cases}$$

(4.14)

其中,当 $r\to 0$ 时, $\mathrm{PME}(r)=\mathrm{GAE}(e)$, $\mathrm{GAE}(\cdot)$ 表示几何均值误差。

下面推导式(4.14)。

当 $r\to 0$ 时,得

$$\lim_{r\to 0}\mathrm{PME}(r)=\lim_{r\to 0}\exp\{\ln[\mathrm{PME}(r)]\}=\lim_{r\to 0}\exp\left\{\ln\left[\dfrac{1}{n}\sum_{i=1}^{n}\dfrac{e_i^r}{r}\right]\right\}$$

(4.15)

根据洛必达准则,可得

$$\lim_{r\to 0}\mathrm{PME}(r)=\lim_{r\to 0}\exp\left\{\ln\left[\dfrac{1}{n}\sum_{i=1}^{n}\dfrac{e_i^r}{r}\right]\right\}=\exp\left\{\lim_{r\to 0}\ln\left[\dfrac{1}{n}\sum_{i=1}^{n}\dfrac{e_i^r}{r}\right]\right\}$$

$$\stackrel{L}{=}\exp\left\{\lim_{r\to 0}\dfrac{\dfrac{1}{n}\sum_{i=1}^{n}e_i^r\ln e_i}{\dfrac{1}{n}\sum_{i=1}^{n}e_i^r}\right\}=\exp\left\{\dfrac{1}{n}\sum_{i=1}^{n}\ln e_i\right\}=\prod_{i=1}^{n}e_i=\mathrm{GAE}(e)$$

(4.16)

因此，当 $r \to 0$ 时，$\text{PME}(r) = \text{GAE}(e)$。

此外，幂均值还有两个重要的性质，即单调性和有界性。

定理 4.1[140] 令 $e = \{e_i\}_{i=1}^n = (e_1, e_2, \cdots, e_n)$ 且 $\forall i, e_i > 0$，a 和 b 分别为两个实数，如果 $a > b$，则

$$\text{PME}(a) \geq \text{PME}(b) \tag{4.17}$$

当且仅当 $e_1 = e_2 = \cdots = e_n$ 时等号成立。

幂均值单调性的证明方法很多，但其核心依据是詹森不等式（Jensen's Inequality）。下面首先给出詹森不等式的定义，然后构造一个函数，用以证明幂均值的单调性。

詹森不等式[141]：如果函数 $f(\cdot)$ 在区间 I 内为下凸上凹函数，简称凸函数，则对于 $x_i \in I$，$i = 1, 2, \cdots, n, n \geq 2$，有

$$f\left(\frac{x_1 + x_2 + \cdots + x_n}{n}\right) \leq \frac{f(x_1) + f(x_2) + \cdots + f(x_n)}{n} \tag{4.18}$$

反之，如果函数 $f(\cdot)$ 在区间 I 内为上凸下凹函数，简称凹函数，则有

$$f\left(\frac{x_1 + x_2 + \cdots + x_n}{n}\right) \geq \frac{f(x_1) + f(x_2) + \cdots + f(x_n)}{n} \tag{4.19}$$

式(4.18)和式(4.19)的等号当且仅当 $x_1 = x_2 = \cdots = x_n$ 时成立。

根据詹森不等式，下面给出一种幂均值单调性的证明。

定理 4.1 证明 构造函数 $f(x) = x^{a/b}$，其中 $x > 0$，则函数 $f(x)$ 的一阶导数为

$$f'(x) = \frac{a}{b} x^{(a/b-1)} \tag{4.20}$$

二阶导数为

$$f''(x) = \frac{a}{b}\left(\frac{a}{b} - 1\right) x^{(a/b-2)} \tag{4.21}$$

分情况讨论参数 a 和 b 的关系。

(1) 当 $a > b > 0$ 时，$a/b > 1$，此时 $f''(x) > 0$，即函数 $f(x)$ 在区间 $(0, +\infty)$ 内是凸函数，令 $x_i = e_i^b > 0$，代入式(4.18)，得

$$f\left(\frac{e_1^b + e_2^b + \cdots + e_n^b}{n}\right) = \left(\frac{e_1^b + e_2^b + \cdots + e_n^b}{n}\right)^{\frac{a}{b}} = \left(\frac{1}{n}\sum_{i=1}^n e_i^b\right)^{\frac{a}{b}}$$

$$\leq \frac{f(e_1^b) + f(e_2^b) + \cdots + f(e_n^b)}{n}$$

$$= \frac{e_1^a + e_2^a + \cdots + e_n^a}{n} = \frac{1}{n}\sum_{i=1}^n e_i^a \tag{4.22}$$

式(4.22)两边开 a 次方,得

$$\left(\frac{1}{n}\sum_{i=1}^{n}e_i^b\right)^{\frac{1}{b}} \leqslant \left(\frac{1}{n}\sum_{i=1}^{n}e_i^a\right)^{\frac{1}{a}} \quad (4.23)$$

根据幂均值的定义,当 $a>b>0$ 时,式(4.17)成立。

(2)当 $a<b<0$ 且 $0<a/b<1$ 时,$f''(x)<0$,令 $x_i=e_i^b>0$,代入式(4.19),得

$$\left(\frac{1}{n}\sum_{i=1}^{n}e_i^b\right)^{\frac{a}{b}} \geqslant \frac{1}{n}\sum_{i=1}^{n}e_i^a \quad (4.24)$$

由于 $a<b<0$,则 $-1/a>0$,式(4.24)两边开 $-a$ 方不等式符号不变,即

$$\left(\frac{1}{n}\sum_{i=1}^{n}e_i^b\right)^{-1/b} \geqslant \left(\frac{1}{n}\sum_{i=1}^{n}e_i^a\right)^{-1/a} \quad (4.25)$$

又因为 $1/b<1/a<0$,根据式(4.20)得,$f'(x)>0$,即函数 $f(x)$ 在区间 $(0,+\infty)$ 内严格递增,因此,有

$$\left(\frac{1}{n}\sum_{i=1}^{n}e_i^b\right)^{1/b} \leqslant \left(\frac{1}{n}\sum_{i=1}^{n}e_i^a\right)^{1/a} \quad (4.26)$$

即当 $a<b<0$ 时,式(4.17)成立。

(3)当 $b<0,a>0$ 时,$a/b<0$,则 $f''(x)>0$,由式(4.22)可得式(4.17)成立。注:式(4.22)和式(4.26)中的等号成立当且仅当 $\forall i\neq j, e_i^b=e_j^b, i,j=1,2,\cdots,n$。

综合(1)、(2)和(3)可得式(4.17)成立,证毕。

定理 4.2[140] 令 $e=\{e_i\}_{i=1}^{n}=(e_1,e_2,\cdots,e_n)$ 且 $\forall i, e_i>0$,对于 $r\in[-\infty,+\infty]$,幂均值 PME(r)有界,即满足:$\min(\{e_i\}_{i=1}^{n})\leqslant \text{PME}(r)\leqslant(\max\{e_i\}_{i=1}^{n})$。

证明 对于 $r\in[-\infty,+\infty]$,令

$$\begin{cases}\max(\{e_i\}_{i=1}^{n}) = e_{\max} \\ \min(\{e_i\}_{i=1}^{n}) = e_{\min}\end{cases} \quad (4.27)$$

根据式(4.14),得

$$\begin{aligned}\text{PME}(r) &= \left\{\frac{1}{n}\sum_{i=1}^{n}e_i^r\right\}^{1/r} = \left(\frac{e_1^r+e_2^r+\cdots+e_n^r}{n}\right)^{1/r} \\ &\leqslant \left(\frac{e_{\max}^r+e_{\max}^r+\cdots+e_{\max}^r}{n}\right)^{1/r} = e_{\max} = \max(\{e_i\}_{i=1}^{n}) \quad (4.28)\end{aligned}$$

同理,可得

$$\text{PME}(r) = \left\{\frac{1}{n}\sum_{i=1}^{n}e_i^r\right\}^{1/r} = \left(\frac{e_1^r+e_2^r+\cdots+e_n^r}{n}\right)^{1/r}$$

$$\geqslant \left(\frac{e_{\min}^r + e_{\min}^r + \cdots + e_{\min}^r}{n}\right)^{1/r} = e_{\min} = \min(\{e_i\}_{i=1}^n) \quad (4.29)$$

因此,根据式(4.28)和式(4.29),得
$$\min(\{e_i\}_{i=1}^n) \leqslant \text{PME}(r) \leqslant (\max\{e_i\}_{i=1}^n) \quad (4.30)$$
证毕。

进一步根据式(4.14),记 $\lambda = \{\lambda_i\}_{i=1}^n = (\lambda_1, \lambda_2, \cdots, \lambda_n)$,$L = \sum_{i=1}^n \lambda_i$,得到加权幂均值(WPM)的定义为[105-106]

$$\text{WPM}(r, e, \lambda) = \begin{cases} \left\{\dfrac{1}{L_n}\sum_{i=1}^n \lambda_i e_i^r\right\}^{1/r} & (r \in \mathbf{R}^*) \\ \left(\prod_{i=1}^M (e_i)^{\lambda_i}\right)^{1/L} & (r = 0) \\ \max(\{e_i\}_{i=1}^m) & (r = +\infty) \\ \min(\{e_i\}_{i=1}^m) & (r = -\infty) \end{cases} \quad (4.31)$$

显然,假设每一个元素 $\tilde{x}_i$ 对应的权重 λ_i 已知,根据加权幂均值还可得到加权均方根误差度量(WRMSE)、加权均方根误差度量(WAEE)、加权算术平均误差度量(WGAE)、加权几何平均误差度量(WHAE)和加权调和平均误差度量(WPM)的度量方法。

$$\begin{cases} \text{WRMSE}(\hat{\boldsymbol{x}}, \lambda) = \left(\sum_{i=1}^M (\lambda_i \|\tilde{\boldsymbol{x}}_i\|)^2\right)^{1/2} \\ \text{WAEE}(\hat{\boldsymbol{x}}, \lambda) = \left(\sum_{i=1}^M (\lambda_i \|\tilde{\boldsymbol{x}}_i\|)^1\right)^{1/1} \\ \text{WGAE}(\hat{\boldsymbol{x}}, \lambda) = \left(\prod_{i=1}^M (\|\tilde{\boldsymbol{x}}_i\|)^{\lambda_i}\right)^{1/L} = \lim_{r \to 0} \exp\left(\ln \frac{1}{r} \sum_{i=1}^M (\lambda_i \|\tilde{\boldsymbol{x}}_i\|)^r\right) \\ \text{WHAE}(\hat{\boldsymbol{x}}, \lambda) = \left(\sum_{i=1}^M (\lambda_i \|\tilde{\boldsymbol{x}}_i\|)^{-1}\right)^{1/(-1)} \end{cases}$$

(4.32)

易证
$$\text{WHAE}(\hat{\boldsymbol{x}}) \leqslant \text{WGAE}(\hat{\boldsymbol{x}}) \leqslant \text{WAEE}(\hat{\boldsymbol{x}}) \leqslant \text{WRMSE}(\hat{\boldsymbol{x}}) \quad (4.33)$$

根据幂均值的上述性质,比较误差谱的定义和性质,可以得到基于幂均值误差的误差谱近似算法。

4.3.2 基于幂均值误差的误差谱计算公式

假设 $e = \{e\}_{i=1}^{n}$ 满足独立同分布条件,当 n 趋于无穷大时,根据大数定理可得,存在一个非常小的实数 ε,使得

$$\lim_{n \to \infty} P\left\{ \left| \frac{1}{n}\sum_{i=1}^{n} e_i^r - E[e^r] \right| < \varepsilon \right\} = 1 \tag{4.34}$$

即

$$E[e^r] \approx \frac{1}{n}\sum_{i=1}^{n} e_i^r \tag{4.35}$$

将式(4.35)代入式(2.15),得

$$S(r) \approx \text{PME}(r) = \begin{cases} \left\{ \dfrac{1}{n}\sum_{i=1}^{n} e_i^r \right\}^{1/r} & (r \in \mathbf{R}^*) \\ \text{GAE}(e) & (r = 0) \\ \max(\{e_i\}_{i=1}^{n}) & (r = +\infty) \\ \min(\{e_i\}_{i=1}^{n}) & (r = -\infty) \end{cases} \tag{4.36}$$

显然在样本量 n 比较大时,可用幂均值误差代替误差谱。下面给出一个实例验证。

4.3.3 仿真验证

假设一个估计器 $\hat{x}$,它的误差范数 $e = \|\tilde{x}\|_2$ 服从自由度为 $k=3$ 的瑞利分布,则根据式(4.10)可得 $S(r) = 3\sqrt{2}\left\{\Gamma(r/2+1)\right\}^{1/r}$,再利用式(4.8)的分布函数,通过蒙特卡罗方法,产生 10000 个随机数用于计算幂均值误差 $\text{PME}(r) = \left\{\sum_{i=1}^{n} e_i^r / n\right\}^{1/r}$。令 $r \in [-1,2]$,从而得到该估计器的误差谱曲线和幂均值曲线,如图 4.1 所示。为了便于分析幂均值误差与误差谱的近似程度,定义这两者之间的绝对误差(AE)为

$$\text{AE}(r) = \text{PME}(r) - S(r) \tag{4.37}$$

进一步得到幂均值与误差谱的绝对误差曲线,如图 4.2 所示。

图 4.1 表明,幂均值误差曲线与误差谱曲线几乎为一条曲线。由图 4.2 可得,幂均值误差与误差谱之间的绝对误差 $\max\{\text{AE}(r)\} = -1.6 \times 10^{-2}$,显然二者的绝对误差非常小。因此,在样本足够大时,根据大数定理,可用幂均值误差代替误差谱。

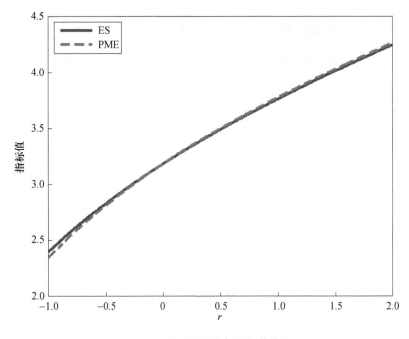

图 4.1　误差谱曲线与幂均值曲线

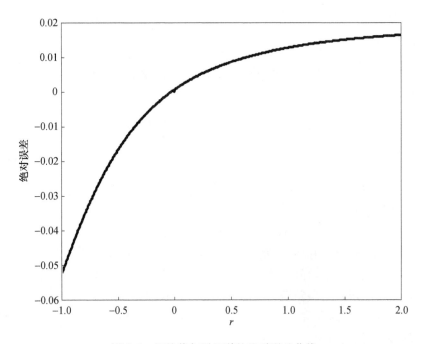

图 4.2　幂均值与误差谱的绝对误差曲线

但是,当误差分布未知(误差范数分布未知)和样本有限时,如何计算误差谱在工程实际中有重要的意义。事实上,由于试验条件和经费的限制,试验样本通常会很小。下面研究小样本数据时的误差谱计算,鉴于篇幅有限,首先研究误差的范数分布形式已知,分布参数未知时,小样本数据条件下的误差谱计算。

4.4 基于小样本数据的改进自助-幂均值误差的误差谱算法

工程实际中,解决小样本的常用方法是基于概率数理统计理论,利用重采样的方法增加原始样本量。其中美国斯坦福大学的 Efron 教授于 1977 年提出了一种新的统计分析方法——自助方法[142-143](BM)。在此之前,Quenodille 提出了估计量偏差的 Jacknife[144]估计和 Tukey[145]提出了估计量方差的 Jacknife 估计。此后,又出现了随机加权法[146-148]。通过分析发现,自助方法主要是利用随机的方法从原始样本中复制样本,所以自助样本很可能偏离原始样本,进而导致计算结果偏离真实分布。在样本量很小时这种现象非常明显。尤其是当真实分布为连续分布时,因非样本观测点处的分布特性无法得到,从而难以获得真实分布的参数估计。为了解决上述问题,本章基于相似度的准则,通过判断改进后的自助样本特征与原始样本特征的一致性,确保重采样样本的正确性。下面首先概述自助方法的基本原理。

4.4.1 自助方法概述

自助方法借助计算机技术对试验数据进行统计分析与推断[149-150]。

设 $X_1, X_2, \cdots, X_n$ 为独立同分布子样,$X_i \sim F(x)$,$\theta = \theta(F)$ 为总体分布的未知数,由 $X_1, X_2, \cdots, X_n$ 做抽样分布函数 F_n,$\hat{\theta} = \hat{\theta}(F_n)$ 为 θ 的估计。记

$$T_n = \hat{\theta}(F_n) - \theta(F) \tag{4.38}$$

显然,从 F_n 中进行重抽样,得到重采样样本 $\boldsymbol{X}^* = (X_1^*, \cdots, X_n^*)$;再根据 $\boldsymbol{X}^*$ 做抽样分布 F_n^*,并记重采样样本对 θ 的估计为 $\hat{\theta}(F_n^*)$,则

$$R_n^* = \hat{\theta}(F_n^*) - \hat{\theta}(F_n) \tag{4.39}$$

其中 R_n^* 为 T_n 的自助统计量。自助方法的中心思想就是以 R_n^* 的分布去近似 T_n 的分布。又因为再生子样可重复产生,记

$$\boldsymbol{X}_{N \times n} = \begin{bmatrix} X_{11} & \cdots & X_{1 \times n} \\ \vdots & & \vdots \\ X_{N \times 1} & \cdots & X_{N \times n} \end{bmatrix} \tag{4.40}$$

$X^{*(j)}$ 表示第 j 次再生子样,则由每个 $X^{*(j)}$ 均可作出 R_n^*。记它为 $R_n^{*(j)}$,则有

$$R_n^{*(j)} = \hat{\theta}(F_n^{*(j)}) - \hat{\theta}(F_n) \quad (j = 1, 2, \cdots, N) \tag{4.41}$$

于是,对每个 $R_n^{*(j)}$,可以计算出 $\theta(F)$ 的近似取值,记为 $\theta^{(j)}(F)$,即

$$\theta^{(j)}(F) = \hat{\theta}(F_n) - T_n \approx \hat{\theta}(F_n) - R_n^{*(j)} \tag{4.42}$$

显然,由式(4.42)可得未知参数 $\theta(F)$ 的 N 个取值;将其作为 $\theta(F)$ 的子样,进一步作出 $\theta(F)$ 的抽样分布 $F^n(\theta)$,由此作出关于 θ 的统计推断。

由图4.3可知,自助方法核心的思想是通过蒙特卡罗方法随机复制原始样本。显然,从原始样本中随机复制的样本有可能使得复制的样本包含原始样本的信息非常有限,进而导致新的样本与原始样本的特征不相符。下面给一个简单例子说明。

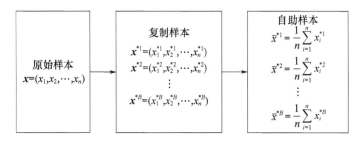

图4.3 自助方法重采样示意图

假设原始样本为 (r_1, r_2, r_3, r_4),随机复制 5 个样本 (r_1, r_2, r_3, r_4),(r_1, r_1, r_3, r_4),(r_1, r_3, r_3, r_4),(r_1, r_1, r_4, r_4) 和 (r_2, r_2, r_3, r_3)。显然样本 (r_1, r_1, r_4, r_4) 和 (r_2, r_2, r_3, r_3) 只利用了原始样本中 r_1, r_4 和 r_2, r_3 两个样本的信息。也就是说,随机复制的样本丢失了一半原始样本信息。为解决这个问题,本章提出基于相关系数的自助重采样方法。

4.4.2 基于相关系数的自助重采样方法

如图4.3所示,自助方法每次复制的样本都是随机产生的,从而导致每次复制的样本有可能集中于少量点处。显然,在每次产生的样本后加入一个判断准则,就可确保每次复制的样本尽可能多地包含原始样本的信息。为此,本节提出基于相关系数的自助重采样方法。

描述两个样本特征的方法有很多[151-153],常用的表征方法是相关函数表征法。相关函数用于描述两个变量或函数之间的相似程度,在工程实际中得到了广泛的应用[154-157]。下面给出描述两个函数的相关函数的定义。

第4章 基于幂均值误差的误差谱算法

假设原始样本和重采样样本分别为 $\boldsymbol{x}=\{x_1,x_2,\cdots,x_n\}$ 和 $\boldsymbol{x}^*=\{\bar{x}^{*1},\bar{x}^{*2},\cdots,\bar{x}^{*B}\}$，相应的概率密度函数分别为 $f(\boldsymbol{x})$ 和 $f(\boldsymbol{x}^*)$，则原始样本 $\boldsymbol{x}$ 与复制样本 $\boldsymbol{x}^*$ 的概率密度函数间的相似度可定义为

$$\rho(f(\boldsymbol{x});f(\boldsymbol{x}^*)) = \frac{\int f(\boldsymbol{x})f(\boldsymbol{x}^*)\mathrm{d}x}{\left[\int f(\boldsymbol{x})^2 \mathrm{d}\boldsymbol{x} \int f(\boldsymbol{x}^*)^2 \mathrm{d}\boldsymbol{x}\right]^{1/2}} \tag{4.43}$$

由于原始样本与复制样本的概率密度函数不易获得，实际中常用直方图代替概率密度函数，因此式(4.43)可近似为

$$\rho(f(\boldsymbol{x});f(\boldsymbol{x}^*)) = \frac{\int f(\boldsymbol{x})f(\boldsymbol{x}^*)\mathrm{d}x}{\left[\int f(\boldsymbol{x})^2 \mathrm{d}\boldsymbol{x} \int f(\boldsymbol{x}^*)^2 \mathrm{d}\boldsymbol{x}\right]^{1/2}} \approx \frac{\sum_{k=1}^{m} h(x_k)h(x_k^*)}{\left[\sum_{k=1}^{m} h(x_k)^2 \sum_{k=1}^{m} h(x_k^*)^2\right]^{1/2}}$$

(4.44)

式中：$h(\cdot)$ 为等分间距为 $m(m<n)$ 的直方图函数；x_k,x_k^* 分别为对应直方图中第 k 个直方图的中心坐标；由于直方图为 $h(\cdot)>0$，因此 $\rho(f(\boldsymbol{x});f(\boldsymbol{x}^*))$ 满足 $0 \leqslant \rho(f(\boldsymbol{x});f(\boldsymbol{x}^*)) \leqslant 1$。

给定一个阈值 ρ_ε，当 $\rho(f(\boldsymbol{x});f(\boldsymbol{x}^*)) \geqslant \rho_\varepsilon$ 时，输出重采样样本。显然，该方法既保证了每次重采样样本与原始样本的特征一致性，又使得每次的重采样样本包含了更多的原始样本点。

由上述分析得出基于相关系数的自助重采样方法(XSD-BM)的主要步骤如下：

> 步骤1 随机产生一个服从均匀分布 $U(0,M)$ 的正整数 R，M 满足 $M \gg n$。
>
> 步骤2 令 $p = \mathrm{mod}(R,n)$，其中 $\mathrm{mod}(\cdot)$ 表示求余函数，且当 $\mathrm{mod}(R,n)=0$ 时，令 $p=1$；当 $\mathrm{mod}(R,n)>n$ 时，令 $p=n$。
>
> 步骤3 得到第一次复制样本中的第一个元素 $x_1^* = x_p$，其中 x_p 表示原始样本中的第 p 个元素，因此重复步骤1和步骤2，n 次得到第一次复制的样本 $x^{*1} = \{x_i^*\}_{i=1}^n$；进一步计算第一次复制样本的均值 $\bar{x}^{*1} = \sum_{i=1}^{n} x_i^*/n$。
>
> 步骤4 重复步骤1~3，B 次得到重采样样本 $\boldsymbol{x}^* = (\bar{x}^{*1},\bar{x}^{*2},\cdots,\bar{x}^{*B})$。
>
> 步骤5 计算重采样样本与原始样本的相似度 $\rho(f(x);f(x^*))$，如果 $\rho(f(x);f(x^*)) \geqslant \rho_\varepsilon$，则输出重采样样本 $\boldsymbol{x}^* = (\bar{x}^{*1},\bar{x}^{*2},\cdots,\bar{x}^{*B})$，否则重复步骤1~4直到满足相似度条件。

4.4.3 基于改进自助－幂均值误差的误差谱算法基本步骤

综上可得,针对小样本数据当误差分布形式已知、分布参数未知时,基于改进自助－幂均值误差的误差谱近似算法基本步骤如下:

> 步骤1　给定样本数据 $x = (x_1, x_2, \cdots, x_n)$,以及相似度阈值 ρ_g。
> 步骤2　根据基于相关系数的自助重采样方法得到重采样样本 $x^* = (\bar{x}^{*1}, \bar{x}^{*2}, \cdots, \bar{x}^{*B})$。
> 步骤3　基于重采样样本 $x^* = (\bar{x}^{*1}, \bar{x}^{*2}, \cdots, \bar{x}^{*B})$ 估计误差分布的参数 $\hat{\theta}$。
> 步骤4　根据误差分布,通过蒙特卡罗方法产生新的大容量样本 $x^{NB} = (x_1^{NB}, x_1^{NB}, \cdots, x_N^{NB})$,然后将该样本代入幂均值误差得到近似的误差谱。

下面采用4.3节中的仿真例子验证上述方法的正确性。

4.4.4 仿真验证

根据4.3.3节中的仿真初始条件和式(4.8)的分布函数,通过蒙特卡罗方法,产生10个原始样本 $\{e_i\}_{i=1}^n$。根据该原始样本数据,分别利用自助方法和基于相关系数自助方法估计该分布函数的自由度。为了说明基于相关系数自助方法的优势,令自助采样的样本量为 $B = 1000$,估计自由度的总次数为 Num = 500。然后利用这500次估计自由度的平均值,作为最终的自由度估计值。最后将自由度估计值代入瑞利分布,随机产生 $N = 10000$ 个新的样本,并将样本代入幂均值误差得到误差谱的近似曲线。原始样本的直方图如图4.4所示。

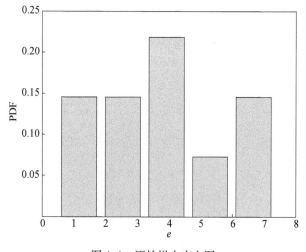

图4.4　原始样本直方图

仿真得到 500 次自由度估计值,如图 4.5 所示;对应 500 次估计误差,如图 4.6 所示;计算的幂均值和误差谱曲线如图 4.7 所示。

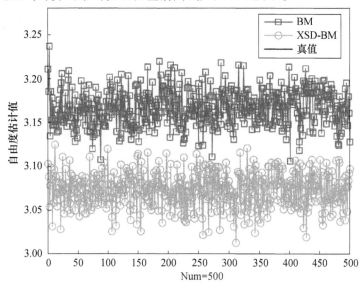

图 4.5 两种重采样方法估计的自由度

如图 4.5 所示,与自助重采样方法相比,基于相关系数的自助重采样方法估计得到的自由度更加接近真值。与之相对应的估计误差也较小,如图 4.6 所示。

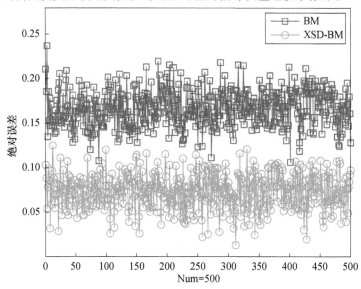

图 4.6 两种重采样方法自由度的估计误差

进一步计算 500 次自由度的估计平均值可得

$$\begin{cases} \bar{k}_{\mathrm{BM}} = 3.1666 \\ \bar{k}_{\mathrm{XSD-BM}} = 3.0728 \end{cases} \quad (4.45)$$

将式(4.45)代入式(4.8)，并随机产生 10000 个新的样本 $\{e_j^*\}_{j=1}^{N=10000}$，再将 $\{e_j^*\}_{j=1}^{N=10000}$ 代入式(4.14)得到幂均值曲线，如图 4.7(a)所示。同理，再将式(4.45)代入式(4.9)得到的误差谱曲线如图 4.7(b)所示。

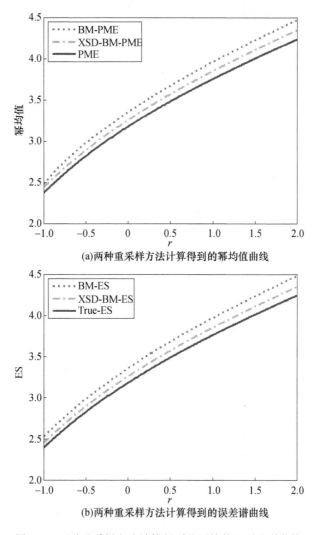

(a)两种重采样方法计算得到的幂均值曲线

(b)两种重采样方法计算得到的误差谱曲线

图 4.7　两种重采样方法计算得到的幂均值和误差谱曲线

如图4.7所示,自助重采样方法和基于相关系数的自助重采样方法得到的误差谱曲线都很接近真实的误差谱曲线,但是基于相关系数的自助重采样方法每次都能保证样本与原始样本特征相似,因此得到的误差谱曲线更加可信。

显然,在误差分布形式已知、分布参数未知,且样本为小样本数据时,改进自助-幂均值误差的误差谱近似算法能够很好地估计误差谱曲线。但是,基于改进的自助重采样非常依赖于原始数据,如果原始数据偏离真实分布时,由于每一次的复制都以原始数据为依据,因此随着复制次数的增加,估计误差会越来越大。但如果原始数据接近真实分布时,随着复制次数的增加,估计误差会越来越小[48],并且估计的参数也越来越接近真实分布的参数;进一步使得改进自助-幂均值误差得到的误差谱更加接近真实的误差谱。

4.5 基于相关系数和排列组合的误差谱算法

针对小样本数据,当误差分布形式已知、分布参数未知时,我们提出了改进自助-幂均值误差的误差谱近似算法[7]。该算法利用相关系数改进自助法进行重采样,进而扩大样本的容量,但是基于相关系数的改进自助法中易受原始小样本特征的影响。若原始小样本与真实分布的相似度较大,则改进自助-幂均值误差的误差谱近似算法精度较高;反之则精度较低。为了解决这个问题,本书提出基于相关系数和排列组合的误差谱算法。

4.5.1 基于排列组合的原始样本扩容

从原始样本 $\boldsymbol{x} = \{x_1, x_2, \cdots, x_n\}$ 的 n 个不同的样本中选择 r 个样本的组合数为

$$C_n^r = \frac{n(n-1)(n-2)\cdots(n-r+1)}{r!} \qquad (4.46)$$

因此令抽样数 r 从 1 到 n,则可得重采样样本的数量为

$$B_C = C_n^1 + \cdots + C_n^r + \cdots + C_n^n \qquad (4.47)$$

进一步当 $r=1$ 时,从 $\boldsymbol{x} = \{x_1, x_2, \cdots, x_n\}$ 中抽取 $r=1$ 个样本的情况有 $C_n^{r=1} = n$ 种组合,然后对这些组合进行排列后得到

$$\begin{bmatrix} \boldsymbol{x}_1^{*1} = \{x_1, x_1, \cdots, x_1\} \\ \boldsymbol{x}_2^{*2} = \{x_2, x_2, \cdots, x_2\} \\ \vdots \\ \boldsymbol{x}_{C_n^r=1\,=\,n}^{*\,C_n^r=1} = \{x_n, x_n, \cdots, x_n\} \end{bmatrix} \quad (4.48)$$

此时新得重采样样本为

$$\begin{bmatrix} \bar{x}_1^{*1} = \dfrac{1}{n}\sum_{i=1}^{n} x_i = x_1 \\ \bar{x}_2^{*2} = \dfrac{1}{n}\sum_{i=1}^{n} x_i = x_2 \\ \vdots \\ \bar{x}_{C_n^r=1\,=\,n}^{*\,C_n^r=1} = \dfrac{1}{n}\sum_{i=1}^{n} x_i = x_n \end{bmatrix} \quad (4.49)$$

依此类推，分别得到样本量为 $C_n^2, \cdots, C_n^r, \cdots, C_n^n$ 的重采样样本：

$$\begin{bmatrix} \{\bar{x}_1^{*(C_n^r=1+1)}, \cdots, \bar{x}_{C_n^r=2}^{*(C_n^r=2)}\} \\ \{\bar{x}_1^{*(C_n^r=2+1)}, \cdots, \bar{x}_{C_n^r=3}^{*(C_n^r=3)}\} \\ \vdots \\ \{\bar{x}_1^{*(C_n^r=n-1+1)}, \cdots, \bar{x}_{C_n^r=n}^{*(C_n^r=n)}\} \end{bmatrix} \quad (4.50)$$

最终得到的重采样样本为

$$\boldsymbol{x}^* = \{\bar{x}_1^{*1}, \cdots, \bar{x}_{C_n^r=1\,=\,n}^{*\,C_n^r=1}, \bar{x}_1^{*(C_n^r=1+1)}, \cdots, \bar{x}_{C_n^r=2}^{*(C_n^r=2)}, \bar{x}_1^{*(C_n^r=2+1)}, \\ \cdots, \bar{x}_{C_n^r=3}^{*(C_n^r=3)}, \bar{x}_1^{*(C_n^r=n-1+1)}, \cdots, \bar{x}_{C_n^r=n}^{*(C_n^r=n)}\} \quad (4.51)$$

显然，利用排列组合得到的样本量 B_C 比自助法得到的样本 B_C 大许多，并且通过对原始样本进行排列组合后得到的样本，某些样本跟原始样本的特征差别非常大，从而导致重采样样本偏离原始样本的特征。如图 4.3 所示，该组重采样样本中的复制样本仅使用了原始样本中的某一单一样本，显然该重采样样本的特征与原始样本的特征差异性太大，导致重采样样本偏离原始样本，最终导致估计的参数误差较大。为了解决这个问题，下面利用相关系数改进扩容样本。

4.5.2 基于相关系数改进排列组合的扩容样本

基于相关系数的改进扩容样本主要包括介绍相关系数的定义及计算方法，然后将其应用于上述排列组合得到的重采样样本，最终得到改进的扩容样本。

根据相关系数的定义,给定一个阈值 ρ_ε,从排列组合得到的样本中选择满足相似度阈值的样本,即

$$\rho(f(\boldsymbol{x});f(\boldsymbol{x}^*)) = \frac{\sum\limits_{k=1}^{m}h(x_k)h(x_k^*)}{\left[\sum\limits_{k=1}^{m}h(x_k)^2\sum\limits_{k=1}^{m}h(x_k^*)^2\right]^{1/2}} \geq \rho_\varepsilon \quad (4.52)$$

输出重采样样本为

$$\boldsymbol{x}^* = \{x_1^{*\rho},\cdots,\bar{x}_{C_\rho}^{*\rho}\} \quad (4.53)$$

式中:C_ρ 为满足相似度阈值的样本容量。

显然,该方法既保证了每次重采样样本与原始样本的特征一致性,又使得每次的重采样样本包含了更多的原始样本点。

4.5.3 基于相关系数和排列组合的误差谱算法的基本步骤

综上所述,得到基于相关系数和排列组合的误差谱算法如图 4.8 所示。

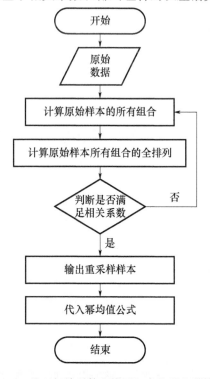

图 4.8 基于相关系数和排列组合的误差谱算法

其主要步骤如下：

步骤1 给定原始样本数据 $\bm{x}=(x_1,x_2,\cdots,x_n)$ 以及相似度阈值 ρ_ε。

步骤2 利用排列组合的方法，得到原始样本的所有组合：$C_n^1,\cdots,C_n^r,\cdots,C_n^n$。

步骤3 对所有样本的组合进行全排列得到

$$\bm{x}^* = \{\bar{x}_1^{*1},\cdots,\bar{x}_{C_n^r=1}^{*C_n^r=1},\bar{x}_1^{*(C_n^r=1+1)},\cdots,\bar{x}_{C_n^r=2}^{*(C_n^r=2)},\bar{x}_1^{*(C_n^r=2+1)},\cdots,$$
$$\bar{x}_{C_n^r=3}^{*(C_n^r=3)},\{\bar{x}_1^{*(C_n^r=n-1+1)},\cdots,\bar{x}_{C_n^r=n}^{*(C_n^r=n)}\}\}$$

步骤4 计算上述全排列样本与原始样本的相关系数：

$$\rho(f(\bm{x});f(\bm{x}^*)) = \frac{\sum_{k=1}^m h(x_k)h(x_k^*)}{\left[\sum_{k=1}^m h(x_k)^2 \sum_{k=1}^m h(x_k^*)^2\right]^{1/2}}$$

并挑选出满足 $\rho(f(\bm{x});f(\bm{x}^*))\geqslant\rho_\varepsilon$ 的样本，从而得到最终的重采样样本：

$$\bm{x}^* = \{x_1^{*\rho},\cdots,\bar{x}_{C_\rho}^{*\rho}\}$$

步骤5 将上述重采样样本代入幂均值误差得到近似的误差谱。

4.5.4 仿真验证

仿真试验条件与4.4.4节中一样。根据 $\{e_i\}_{i=1}^n$，分别利用自助法（BM）、基于改进自助法（IBM）、排列组合采样法及基于相关系数和排列组合的方法估计该分布函数的自由度。为了说明基于相关系数和排列组合误差谱算法的优势，令估计自由度的总次数为 Num = 500。仿真得到500次自由度估计值，如图4.9所示；对应的500次估计误差，如图4.10所示。

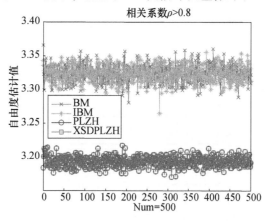

图4.9 4种重采样方法估计的自由度

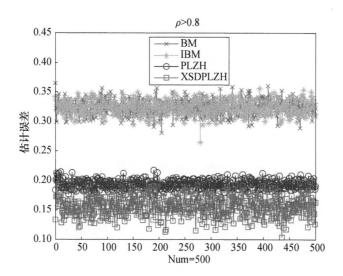

图 4.10 4 种重采样方法自由度的估计误差

利用这 500 次估计自由度的平均值,作为最终的自由度估计值。

$$\begin{cases} k_{\text{BM}} = 3.3242 \\ k_{\text{IBM}} = 3.3237 \\ k_{\text{PLZH}} = 3.1923 \\ k_{\text{XSDPLZH}} = 3.1550 \end{cases} \quad (4.54)$$

进一步得到误差谱曲线如图 4.11 所示。

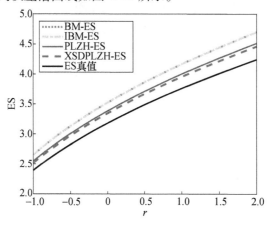

图 4.11 4 种重采样方法计算得到的误差谱曲线

由图 4.11 可知,利用自助法、改进自助法、排列组合采样法及基于相关系数和排列组合的方法得到的误差谱曲线都很接近真实的误差谱曲线,但是基于相关系数和排列组合的方法得到的误差谱曲线最接近真实的误差谱曲线。

因此,在误差分布形式已知、分布参数未知,且样本为小样本数据时,基于相关系数和排列组合的误差谱算法能够很好地估计误差谱曲线。

4.6　本章小结

本章针对误差范数不易获取时导致误差谱计算困难的问题,提出了 3 种误差谱的算法。在大样本数据时,提出了幂均值误差的误差谱算法;在误差分布形式已知、分布参数未知,且样本为小样本数据时,根据自助方法重采样的思想和相关系数准则,提出了改进自助－幂均值误差的误差谱算法。该算法首先基于相关系数对自助重采样的方法进行改进,以确保每次的自助重采样与原始样本特征一致;然后利用基于相关系数的自助重采样样本估计未知分布的参数;最后基于估计参数的误差分布进行重采样,并将重采样样本代入幂均值误差,进而得到误差谱。仿真表明,基于大样本数据时,幂均值误差与误差谱非常接近。而在小样本时,改进自助－幂均值误差的误差谱算法虽然与实际的误差谱有差异,但是自助－幂均值误差的曲线与实际误差谱曲线的趋势一致,能够真实地反映评估的结果。进一步,针对原始样本与真实数据不一致时,改进自助－幂均值误差的误差谱近似算法的精度较低的问题,提出基于相关系数和排列组合的误差谱算法。该算法首先利用排列组合对原始样本进行扩容;然后基于相关系数改进排列组合的扩容样本;最后通过仿真验证了算法的有效性。因此,在工程实际中,本章提出的 3 种误差谱近似算法可以代替误差谱进行评估。

第5章 基于高斯混合模型的误差谱算法

5.1 引 言

第4章给出了两种误差谱的近似算法:基于大样本数据的幂均值误差的误差谱近似算法和基于小样本数据的改进自助-幂均值误差的误差谱近似算法。但是,改进自助-幂均值的误差谱近似算法无法解决误差范数分布形式和分布参数都未知的小样本数据时误差谱的计算;然而在工程实际中,误差范数又通常不易获得。

为了解决小样本数据时误差范数分布形式和分布参数都未知的误差谱计算问题,本章提出基于高斯混合模型的误差谱近似算法。首先根据原始样本,用高斯混合模型估计原始样本的概率密度函数;然后基于高斯混合模型进行重采样,利用相关系数的标准判断重采样样本是否符合要求;最后将符合要求的高斯混合模型重采样样本代入幂均值误差得到近似的误差谱。特别地,针对高斯混合模型中的参数估计问题,提出一种基于变步长学习的高斯混合模型参数估计算法。

5.2 基于贪婪EM算法的高斯混合模型参数估计

有限混合模型[158]是一种处理复杂数据灵活而强有力的概率统计建模工具。因为任何复杂的概率密度函数都可用有限混合模型定义,所以有限混合模型在工程实践中得到了广泛的应用。目前,有限混合模型已成功地应用到天文学、生物学、遗传学、医学、经济学和工程等领域[158-165]。有限混合模型通过选择不同的混合分布模型,对异常复杂的分布进行建模,尤其是当观测数据因局部变化导致单一的参数分布族不能提供满意的拟合模型时,有限混合模型能够获得非常可观的拟合模型。

有限混合模型中包含不同的分布模型,其应用的领域也不尽相同。例如,泊松混合模型在医学上应用非常广泛[166];指数混合模型在工程可靠性中应用较多[167]。然而应用最广泛的是高斯混合模型,因为大多随机现象在样本量足够大时都可以用高斯分布逼近,所以高斯混合模型具有更加灵活和高效的拟合能力。高斯混合模型的首次应用可以追溯到1894年,著名生物统计学家卡尔皮尔逊[168]的开创性论文,他基于矩方法用两个高斯混合模型去拟合Weldon[169]提供的数据,并取得了很好的效果。因为高斯混合模型中的高斯密度函数仅由均值和方差唯一确定,所以在工程实际中应用起来非常方便。故在误差范数分布未知时,本章利用高斯混合模型拟合原始观测数据的概率密度函数。

5.2.1 高斯混合模型的定义

高斯混合模型(GMM)是指由 M 个高斯概率密度函数通过加权求和的方式得到的概率密度函数,即

$$f(e \mid \theta) = \sum_{k=1}^{M} \omega_k \mathcal{N}(e \mid \theta_k) \tag{5.1}$$

式(5.1)中的权重 ω_k 满足

$$\sum_{k=1}^{M} \omega_k = 1 \ (\forall \omega_k \geq 0) \tag{5.2}$$

高斯概率密度函数为

$$\mathcal{N}(e \mid \theta_k) = \mathcal{N}(e \mid \mu_k, \Sigma_k) = \frac{\exp[(-1/2) \times (e-\mu_k)^T \Sigma_k^{-1} (e-\mu_k)]}{(2\pi)^{d/2} \det(\Sigma_k)^{1/2}} \tag{5.3}$$

式中:$d = \dim(e)$,d 为数据维数;$\det(\cdot)$ 表示矩阵行列式;M 为高斯混合模型个数;将均值 $\mu_k \in \mathbf{R}^{1 \times d}$ 和协方差矩阵 $\Sigma_k \in \mathbf{R}^{d \times d}$ 统一记为 $\theta_k = (\mu_k; \Sigma_k)$ 后,可见,高斯混合模型仅由参数 $\theta = \{\omega_1, \omega_2, \cdots, \omega_M; \theta_1, \theta_2, \cdots, \theta_M\}$ 确定。

纵观国内外文献,目前估计高斯混合模型参数的主要方法有极大似然估计方法[161]、贝叶斯估计方法[162]、最大后验估计方法[163]和最大期望方法[164]。一般情况下,采用最大期望算法来估计混合模型的参数。下面详细分析这一算法。

5.2.2 EM 算法概述

最大期望(EM)算法最初是由 Dempster[159] 于1977年提出并命名的一种迭代算法。事实上,EM 算法的思想在1886年,Newcomb 在文献[160]中就用 EM 算法估计了两个一元正态混合模型的参数。

第5章 基于高斯混合模型的误差谱算法

EM算法从不完全数据中估计混合模型的概率密度,不完全数据是指在实际情况中,由于某些原因导致部分数据未观测到或者引入了隐变量使得数据不完全。EM算法的出现使得用极大似然(ML)算法估计有限混合模型参数的问题简化成两步(期望E步和最大化M步)。可见,该算法操作简单,便于实现,因此EM算法得到了广泛的应用[170]。下面首先分析经典EM算法估计高斯混合模型的基本步骤。

给定量测数据e和用参数θ描述的模型族,EM算法的原理就是求使得似然函数$p(e|\theta)$为最大时θ的取值,即

$$\hat{\theta} = \arg\max_{\theta} p(e|\theta) \tag{5.4}$$

通常情况下,式(5.4)给出的极大似然估计只能求得局部极大值,因此人们采用迭代算法去修正θ的值,以期增大似然值,并最终获得最大似然值。为了求解式(5.4),通常用对数似然函数。记$L(\theta) = \ln p(e|\theta)$,记第$t$次迭代得到的最优估计是$\hat{\theta}^t$,则对数似然函数的变化量为

$$L(\theta) - L(\hat{\theta}^t) = \ln p(e|\theta) - \ln p(e|\hat{\theta}^t) = \ln \frac{p(e|\theta)}{p(e|\hat{\theta}^t)} \tag{5.5}$$

显然,对数似然函数$L(\theta)$的增加或减少主要取决于θ。但在实际中,由于描述模型族的观测数据是"不完全"的,从而导致估计值θ无法使得上述对数似然函数达到最大。但是,EM算法能够很好地解决上述问题。

假设量测数据e由观测数据e_{obs}和不可观测数据e_{mis}组成[164],即

$$e = e_{\text{obs}} \cup e_{\text{mis}} \tag{5.6}$$

则根据式(5.5)可得,对于离散概率分布,有

$$\begin{aligned}L(\theta) - L(\hat{\theta}^t) &= \frac{\sum_{e_{\text{mis}}} p(e_{\text{obs}}|e_{\text{mis}},\theta) p(e_{\text{mis}}|\theta)}{p(e_{\text{obs}}|\hat{\theta}^t)} \\ &= \frac{\sum_{e_{\text{mis}}} p(e_{\text{obs}}|e_{\text{mis}},\theta) p(e_{\text{mis}}|\theta)}{p(e_{\text{obs}}|\hat{\theta}^t)} \frac{p(e_{\text{mis}}|e_{\text{obs}},\hat{\theta}^t)}{p(e_{\text{mis}}|e_{\text{obs}},\hat{\theta}^t)}\end{aligned} \tag{5.7}$$

根据詹森不等式,得

$$\begin{aligned}L(\theta) - L(\hat{\theta}^t) &= \sum_{e_{\text{mis}}} p(e_{\text{mis}}|e_{\text{obs}},\hat{\theta}^t) \frac{p(e_{\text{obs}}|e_{\text{mis}},\theta) p(e_{\text{mis}}|\theta)}{p(e_{\text{obs}}|\hat{\theta}^t) p(e_{\text{mis}}|e_{\text{obs}},\hat{\theta}^t)} \\ &\geq \sum_{e_{\text{mis}}} p(e_{\text{mis}}|e_{\text{obs}},\hat{\theta}^t) \ln \frac{p(e_{\text{obs}}|e_{\text{mis}},\theta) p(e_{\text{mis}}|\theta)}{p(e_{\text{obs}}|\hat{\theta}^t) p(e_{\text{mis}}|e_{\text{obs}},\hat{\theta}^t)}\end{aligned} \tag{5.8}$$

于是,有

$$L(\theta) \geq L(\hat{\theta}^t) + \sum_{e_{\text{mis}}} p(e_{\text{mis}} \mid e_{\text{obs}}, \hat{\theta}^t) \ln \frac{p(e_{\text{obs}} \mid e_{\text{mis}}, \theta) p(e_{\text{mis}} \mid \theta)}{p(e_{\text{obs}} \mid \hat{\theta}^t) p(e_{\text{mis}} \mid e_{\text{obs}}, \hat{\theta}^t)} \tag{5.9}$$

因此

$$\begin{aligned}\hat{\theta}^{t+1} &= \underset{\theta}{\arg\max}\left\{L(\hat{\theta}^t) + \sum_{e_{\text{mis}}} p(e_{\text{mis}} \mid e_{\text{obs}}, \hat{\theta}^t) \ln \frac{p(e_{\text{obs}} \mid e_{\text{mis}}, \theta) p(e_{\text{mis}} \mid \theta)}{p(e_{\text{obs}} \mid \hat{\theta}^t) p(e_{\text{mis}} \mid e_{\text{obs}}, \hat{\theta}^t)}\right\} \\ &= \underset{\theta}{\arg\max}\left\{\sum_{e_{\text{mis}}} p(e_{\text{mis}} \mid e_{\text{obs}}, \hat{\theta}^t) \ln p(e_{\text{obs}} \mid e_{\text{mis}}, \theta) p(e_{\text{mis}} \mid \theta) \right.\\ &\quad + \left.\left[L(\hat{\theta}^t) - \sum_{e_{\text{mis}}} p(e_{\text{mis}} \mid e_{\text{obs}}, \hat{\theta}^t) \ln p(e_{\text{obs}} \mid \hat{\theta}^t) p(e_{\text{mis}} \mid e_{\text{obs}}, \hat{\theta}^t)\right]\right\} \end{aligned} \tag{5.10}$$

因为 $\left\{L(\hat{\theta}^t) - \sum_{e_{\text{mis}}} p(e_{\text{mis}} \mid e_{\text{obs}}, \hat{\theta}^t) \ln p(e_{\text{obs}} \mid \hat{\theta}^t) p(e_{\text{mis}} \mid e_{\text{obs}}, \hat{\theta}^t)\right\}$ 与 $\hat{\theta}^{t+1}$ 的优化无关,即

$$\begin{aligned}\hat{\theta}^{t+1} &= \underset{\theta}{\arg\max}\left\{\sum_{e_{\text{mis}}} p(e_{\text{mis}} \mid e_{\text{obs}}, \hat{\theta}^t) \ln p(e_{\text{obs}} \mid e_{\text{mis}}, \theta) p(e_{\text{mis}} \mid \theta)\right\} \\ &= \underset{\theta}{\arg\max}\left\{\sum_{e_{\text{mis}}} p(e_{\text{mis}} \mid e_{\text{obs}}, \hat{\theta}^t) \ln p(e_{\text{obs}}, e_{\text{mis}} \mid \theta)\right\} \\ &= \underset{\theta}{\arg\max}\left\{E_{e_{\text{mis}} \mid e_{\text{obs}}, \hat{\theta}^t} \ln p(e_{\text{obs}}, e_{\text{mis}} \mid \theta)\right\} \end{aligned} \tag{5.11}$$

综上所述,EM 算法的步骤如下:

(1) E - 步

$$Q(\theta \mid \hat{\theta}^t) = E_{e_{\text{mis}} \mid e_{\text{obs}}, \hat{\theta}^t} \ln p(e_{\text{obs}}, e_{\text{mis}} \mid \theta) \tag{5.12}$$

(2) M - 步

$$\hat{\theta}^{t+1} = \underset{\theta}{\arg\max} Q(\theta \mid \hat{\theta}^t) = \underset{\theta}{\arg\max}\{E_{e_{\text{mis}} \mid e_{\text{obs}}, \hat{\theta}^t} \ln p(e_{\text{obs}}, e_{\text{mis}} \mid \theta)\} \tag{5.13}$$

下面利用上述 EM 算法估计高斯混合模型的参数。

由高斯混合模型的定义可知式(5.1)中的数据 e 应为观测样本 $e_{\text{obs}} = \{e_{\text{obs}}^i\}_{i=1}^n$,对式(5.1)取对数可得

$$\ln f(e_{\text{obs}} \mid \theta) = \ln \prod_{i=1}^n f(e_{\text{obs}}^i \mid \theta) = \sum_{i=1}^n \ln f(e_{\text{obs}}^i \mid \theta) = \sum_{i=1}^n \ln \sum_{k=1}^M \omega_k \mathcal{N}(e_{\text{obs}}^i \mid \theta_k) \tag{5.14}$$

第5章 基于高斯混合模型的误差谱算法

根据文献[159,164],引入不可观测数据 $e_{\mathrm{mis}} = \{e_{\mathrm{mis}}^i\}_{i=1}^n$,且 $e_{\mathrm{mis}}^i = z, z = 1,2,\cdots,M$,其中 $e_{\mathrm{mis}}^i = z$ 表示观测数据 e_{obs}^i 来自于第 z 个高斯模型 $\mathcal{N}(e_{\mathrm{obs}}^i|\theta_z)$ 从而可以构造完全数据的似然函数:

$$\ln f(e_{\mathrm{obs}}, e_{\mathrm{mis}} \mid \theta) = \ln \prod_{i=1}^n f(e_{\mathrm{obs}}^i, e_{\mathrm{mis}}^i \mid \theta)$$

$$= \sum_{i=1}^n \ln f(e_{\mathrm{obs}}^i, e_{\mathrm{mis}}^i \mid \theta) = \sum_{i=1}^n \ln f(e_{\mathrm{obs}}^i \mid e_{\mathrm{mis}}^i, \theta) f(e_{\mathrm{mis}}^i \mid \theta) \tag{5.15}$$

对于 $f(e_{\mathrm{mis}}^i|\theta)$,显然已知 θ 后,$f(e_{\mathrm{mis}}^i|\theta)$ 就是第 $e_{\mathrm{mis}}^i = z$ 个高斯模型的权重 $\omega_{e_{\mathrm{mis}}^i} = \omega_z$,故式(5.15)变为

$$\ln f(e_{\mathrm{obs}}, e_{\mathrm{mis}} \mid \theta) = \sum_{i=1}^n \ln f(e_{\mathrm{obs}}^i \mid e_{\mathrm{mis}}^i, \theta) f(e_{\mathrm{mis}}^i \mid \theta)$$

$$= \sum_{i=1}^n \ln \omega_{e_{\mathrm{mis}}^i} f(e_{\mathrm{obs}}^i \mid \theta_{e_{\mathrm{mis}}^i}) = \sum_{i=1}^n \ln \omega_z f(e_{\mathrm{obs}}^i \mid \theta_z) \tag{5.16}$$

又由于

$$f(e_{\mathrm{mis}}^i \mid e_{\mathrm{obs}}^i, \hat{\theta}^t) = \frac{f(e_{\mathrm{obs}}^i \mid e_{\mathrm{mis}}^i, \hat{\theta}^t) f(e_{\mathrm{mis}}^i \mid \hat{\theta}^t)}{f(e_{\mathrm{obs}}^i \mid \hat{\theta}^t)} = \frac{\omega_z \mathcal{N}(e_{\mathrm{obs}}^i \mid \hat{\theta}_z^t)}{\sum_{q=1}^M \omega_q \mathcal{N}(e_{\mathrm{obs}}^i \mid \hat{\theta}_q^t)} \tag{5.17}$$

且

$$f(e_{\mathrm{mis}} \mid e_{\mathrm{obs}}, \hat{\theta}^t) = \prod_{i=1}^n f(e_{\mathrm{mis}}^i \mid e_{\mathrm{obs}}^i, \hat{\theta}^t) \tag{5.18}$$

将式(5.15)~式(5.18)代入式(5.12),得

$$Q(\theta \mid \hat{\theta}^t) \stackrel{\text{def}}{=} E_{e_{\mathrm{mis}}|e_{\mathrm{obs}},\hat{\theta}^t} \ln f(e_{\mathrm{obs}}, e_{\mathrm{mis}} \mid \theta) = \sum_{e_{\mathrm{mis}}} f(e_{\mathrm{mis}} \mid e_{\mathrm{obs}}, \hat{\theta}^t) \ln f(e_{\mathrm{obs}}, e_{\mathrm{mis}} \mid \theta)$$

$$= \sum_{z=1}^M \left[\sum_{i=1}^n \ln \omega_z f(e_{\mathrm{obs}}^i \mid \theta_z) \right] f(z \mid e_{\mathrm{obs}}^i, \hat{\theta}^t)$$

$$= \sum_{z=1}^M \left\{ \sum_{i=1}^n \left[\ln \omega_z + \ln \mathcal{N}(e_{\mathrm{obs}}^i \mid \theta_z) \right] \right\} f(z \mid e_{\mathrm{obs}}^i, \hat{\theta}^t)$$

$$= \sum_{z=1}^M \sum_{i=1}^n \left[\ln \omega_z f(z \mid e_{\mathrm{obs}}^i, \hat{\theta}) \right]$$

$$+ \sum_{z=1}^M \sum_{i=1}^n \left[\ln \mathcal{N}(e_{\mathrm{obs}}^i \mid \theta_z) f(z \mid e_{\mathrm{obs}}^i, \hat{\theta}) \right] \tag{5.19}$$

利用拉格朗日乘子法在条件 $\sum_{k=1}^{M} \omega_k = 1$ 下，求式(5.19)的最大值可得 EM 算法估计高斯混合模型的迭代公式[159,164]：

$$\omega_k^{t+1} = \frac{1}{n} \sum_{i=1}^{n} P(z \mid e_{\text{obs}}^i) \tag{5.20}$$

$$\mu_k^{t+1} = \frac{\sum_{i=1}^{n} P(z \mid e_{\text{obs}}^i) \times e_{\text{obs}}^i}{\sum_{i=1}^{n} P(z \mid e_{\text{obs}}^i)} \tag{5.21}$$

$$\Sigma_k^{t+1} = \frac{\sum_{i=1}^{n} P(z \mid e_{\text{obs}}^i) \times (e_{\text{obs}}^i - \mu_k^{t+1}) \times (e_{\text{obs}}^i - \mu_k^{t+1})^{\text{T}}}{\sum_{i=1}^{n} P(z \mid e_{\text{obs}}^i)} \tag{5.22}$$

其中

$$P(z \mid e_{\text{obs}}^i) = \frac{\omega_z^t \mathcal{N}(e_{\text{obs}}^i \mid \theta_z^t)}{\sum_{q=1}^{M} \omega_q^t \mathcal{N}(e_{\text{obs}}^i \mid \theta_q^t)} \tag{5.23}$$

式(5.20)~式(5.22)中，t 为迭代次数，$P(z \mid e_{\text{obs}}^i)$ 为后验概率。迭代终止条件为

$$\varepsilon \geqslant \max \left\{ \frac{\| \mu_{d \times M}^{t+1} - \mu_{d \times M}^t \|_2}{\| \mu_{d \times M}^t \|_2}, \frac{\| \Sigma_{d \times M}^{t+1} - \Sigma_{d \times M}^t \|_2}{\| \Sigma_{d \times M}^t \|_2}, \frac{\left(\sum_{k=1}^{M} (\omega_k^{t+1} - \omega_k^t)^2 \right)^{1/2}}{\left(\sum_{k=1}^{M} (\omega_k^t)^2 \right)^{1/2}} \right\} \tag{5.24}$$

或者第 $t+1$ 次迭代次数大于给定 $t_{\max-\text{step}}$ 的最大迭代次数，设置最大迭代次数是为了节约计算时间，避免程序陷入死循环。

显然，由迭代公式(5.20)~式(5.22)可得，EM 算法需要知道高斯混合模型的个数 M，以及各高斯分布的初始权重 ω_k、均值 μ_k 和方差 Σ_k。这也使得 EM 算法存在两个明显的缺陷：

（1）实际中很难知道高斯混合模型的个数。

（2）EM 算法的收敛速度对于初始权重和高斯混合模型参数非常敏感。

为了解决这两个问题，人们提出了许多模型选择和高斯混合参数初始化的方法，下面分别进行分析。

第5章 基于高斯混合模型的误差谱算法

1. 现有高斯混合模型个数估计方法分析

事实上,高斯混合模型的个数需要在参数估计中实时地选择,这在实际中非常困难。为了解决这个问题,目前出现了许多选择混合模型个数的方法。根据提出原理可分为:基于信息理论的准则、基于贝叶斯的准则、基于完整似然的准则和其他的模型选择准则。

1) 基于信息理论的准则

目前,基于信息理论的准则是在似然函数中引入一个惩罚项,以期解决准则中对数似然函数过拟合学习的问题[171]。一般情况下,该惩罚项是基于信息/编码的原理定义的。该准则主要包括 AIC 准则[172]以及扩展的 AIC 准则[173],该准则的惩罚函数最为简单,因此容易过拟合高斯混合模型的个数。Rissanen[174]的最小描述长度准则的惩罚函数较为简单,容易欠拟合高斯混合模型的个数。Wallace[175]的最小信息长度准则的惩罚函数比较复杂,因此容易过拟合高斯混合模型的个数。为了解决最小信息长度惩罚函数比较复杂的问题,Bozdogan[176]提出了信息复杂度准则。

2) 基于贝叶斯的准则

基于贝叶斯的准则是模型选择最常用的方法,主要有施瓦兹[177]的贝叶斯信息准则和拉普拉斯经验准则[158],其中贝叶斯信息准则在优化似然函数项和惩罚函数项时,通过搜索似然函数与模型数变化曲线的最小值确定最优模型数。

3) 基于完整似然的准则

基于完整似然(或全概率)的准则通常对数据和模型的要求较小,计算量相对较少。该准则主要包括 Biernacki[178]的积分分类似然准则和分类似然准则[179]及 Celeux[180]的正规化熵准则。该类准则的缺点是需要利用较多的先验知识,并且当模型数变化时,需要对模型的参数再次学习。

4) 其他的模型选择准则

随着计算机的发展,人们又提出一些基于随机采样的模型选择方法。例如,马尔可夫链蒙特卡罗理论准则[181]、狄利克雷聚类[182]、变分贝叶斯原理[183]、交叉验证方法[184]和贪婪学习算法[185]。

下面分析几种常用的模型选择准则。

根据文献[172],可得 AIC 准则的定义为

$$\text{AIC}(k) = -2\log L(\theta) + 2n_p \quad (5.25)$$

式中:$L(\theta)$为最大似然函数,主要度量高斯混合模型与实际概率密度函数之

间的欠拟合程度;n_p 为惩罚因子,主要度量高斯混合模型的复杂度,其定义为

$$n_p = \begin{cases} kn_d + (k-1) + \dfrac{n_d(n_d+1)}{2} & (\forall k_1, k_2, \exists \Sigma_{k_1} = \Sigma_{k_2}) \\ kn_d + (k-1) + k\dfrac{(n_d+1)}{2} & (\forall k_1, k_2, \exists \Sigma_{k_1} \neq \Sigma_{k_2}) \end{cases} \quad (5.26)$$

式中:n_d 为混合模型中每一混合分量的参数个数,对于高斯混合模型 $n_d = 3$。

因为基于 AIC 准则得到的高斯混合模型存在过拟合现象,此后 Windham[173]改进了 AIC 准则进行模型选择的比较。

$$\text{AIC}(k) = -\dfrac{\left(n - 1 - n_d - \dfrac{K}{2}\right)}{n} \log L(\theta) + \dfrac{3}{2} n_p \quad (5.27)$$

式中:K 为高斯混合模型中选择模型数的上限。

显然,选择高斯混合模型的依据是使得 AIC 准则最小。然而式(5.27)仍然存在过度拟合的缺陷。因此,文献[174]提出了一种自适应的模型分量选择准则——最小描述长度(MDL)准则:

$$\text{MDL}(k) = -\log L(\theta) + \dfrac{n_p}{2} \log n \quad (5.28)$$

式中:$-\ln L(\theta)$ 为给定数据的编码长度;$\dfrac{n_p}{2}\ln n$ 为参数空间的最优码长。

为全面考虑模型的参数信息,Wallace[175]提出了最小信息长度(MML)准则:

$$\text{MML}(k) \approx -\log \pi(\theta) + \dfrac{1}{2} \log \det(\boldsymbol{F}(\theta)) - \log f(e|\theta) - \dfrac{n_p}{2} \log k_{m(k)} + \dfrac{n_p}{2}$$

$$(5.29)$$

式中:$\pi(\hat{\theta})$ 为参数先验密度;$\boldsymbol{F}(\hat{\theta})$ 为期望 Fisher 信息矩阵。

由于最小信息长度考虑的信息过于全面,导致其涉及参数繁多,计算复杂。因此文献[176]提出了信息复杂度准则(ICOMP):

$$\text{ICOMP}(k) \approx -\log L(\theta) + C(\boldsymbol{I}_F(\theta)^{-1}) \quad (5.30)$$

式中:$\boldsymbol{I}_F(\theta)^{-1}$ 表示观测信息 Fisher 信息矩阵,其定义为

$$C(\boldsymbol{I}_F(\theta)^{-1}) = \dfrac{n_p}{2} \log \left(\dfrac{\text{tr}(\boldsymbol{I}_F(\theta)^{-1})}{n_p} \right) - \dfrac{1}{2} \log(\det(\boldsymbol{I}_F(\theta)^{-1}))$$

$$(5.31)$$

将式(5.1)和式(5.31)代入式(5.30),得

$$\text{ICOMP}(k) \approx -2\sum_{i=1}^{n}\log\left[\sum_{k=1}^{M}\omega_k \mathcal{N}(e_i\mid\theta_k)\right]$$

$$+\frac{n_p}{2}\log\left(\frac{\sum_{k=1}^{M}1/\omega_k \text{tr}(\Sigma_k) + 1/2\text{tr}(\Sigma_k^2) + 1/2\text{tr}(\Sigma_k)^2 + \sum_{j=1}^{p}(\sigma_{kj})^2}{n_p}\right)$$

$$-(n_d+2)\sum_{k=1}^{M}\log|\Sigma_k| - n_d\sum_{k=1}^{M}\log|\omega_k n| - kn_d\log(2n) \quad (5.32)$$

显然,信息复杂度准则可平衡欠拟合度和模型复杂度,但该准则依赖于参数的坐标系。

因此,施瓦兹[177]提出了贝叶斯信息准则(BIC):

$$\text{BIC}(k) = -\log L(\theta) + \frac{n_p}{2}\log n \quad (5.33)$$

BIC 准则的优势是计算代价小,其推导是基于回归框架中的极限理论,该论据与混合模型建模并不严格一致,但是 BIC 准则在模型选择中仍非常有效[186]。

因拉普拉斯经验准则与最小信息准则非常相似,在此不再叙述。

为考虑完整的数据集,Biernacki[178]给出了一种评价混合模型将数据集聚类成一种划分结构能力的 ICL 准则,即

$$\text{ICL}(k) = -\text{BIC}(k) - \frac{1}{2}\sum_{i=1}^{n}\sum_{k=1}^{G}p_{ik}\ln p_{ik} \quad (5.34)$$

式中:p_{ik} 为各数据点的后验类概率。相对于式(5.33),ICL 准则又增加了一个惩罚因子。

根据 ICL 准则的原理,Celeux[180]又提出了正规化熵准则(标准化熵准则),该准则主要用于度量混合模型分离聚类簇的能力。

综上所述,常用模型选择的准则主要包括两部分:模型的拟合程度 $\log L(\theta)$ 和惩罚因子 n_p。如图 5.1 所示,模型的拟合程度是指真实的概率密度函数与近似的概率密度函数的 KL(Kullback – Leibler)距离,其定义为

$$\log L(\theta) = \log\int f(e)\text{d}e = \log\int f(e\mid\theta)\frac{f(e)}{f(e\mid\theta)}\text{d}e$$

$$\geqslant \int f(e\mid\theta)\log\frac{f(e)}{f(e\mid\theta)}\text{d}e = I(f(e);f(e\mid\theta)) \quad (5.35)$$

式中:$I(f(e);f(e\mid\theta))$ 为真实分布与近似分布之间的 KL 距离。

显然,式(5.35)中的积分很难求解,因为真实分布$f(e)$无法获得。因此,本节提出一种基于Bhattacharyya系数的高斯混合模型选择准则。

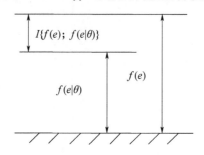

图5.1 真实分布与近似分布之间的KL距离

2. 现有高斯混合模型参数初始化方法分析

常用的初始化方法有随机初始化[158]、层次聚类初始化[187]和k-means初始化。随机初始化的最大优点是计算简单,便于操作。但是,由于该初始化方法选择类中心的随机性,导致EM算法的收敛速度下降,并且参数的估计精度对于初始值非常敏感。然而,在要求不严格的情况下,随机初始化不妨也是一种选择。层次聚类初始化的原理是将样本看成n类,然后根据凝聚准则进行聚类。显然该初始化方法计算代价大,在数据量特别大时,计算效率极低。k-means初始化是为了解决随机初始化类中心的随机性问题。该方法通过迭代更新的方法,寻找聚类中心,将其作为EM算法的初始聚类中心。

近年来,为解决EM算法的初始化问题,文献[188]提出了先分割后合并的初始方法;文献[189]提出了一种贝叶斯阴-阳学习方法;文献[190]提出了无监督学习方法;文献[191]提出了确定性退火方法;文献[192]提出了二元树查找法;文献[185]提出一种贪婪的EM算法。由于贪婪的EM算法,初始化方法简单,因此得到了广泛的应用。贪婪的EM算法使用$\boldsymbol{K}$矩阵去搜索参数空间中的全局解,其定义为[193]

$$\boldsymbol{K} = \begin{bmatrix} k_{11} & k_{12} & \cdots & k_{1n} \\ k_{21} & k_{22} & \cdots & k_{2n} \\ \vdots & \vdots & & \vdots \\ k_{n1} & k_{n2} & \cdots & k_{nn} \end{bmatrix} \quad (5.36)$$

式中

$$k_{ij} = \frac{1}{(2\pi\boldsymbol{\Sigma}^2)^{d/2}} \exp\left(-\frac{\|e_i - e_j\|_2}{2 \times \boldsymbol{\Sigma}^2}\right) \quad (5.37)$$

其中

$$\boldsymbol{\Sigma} = \beta \left[\frac{4}{(d+2)n} \right]^{\frac{1}{d+4}} \quad (5.38)$$

显然,$\boldsymbol{\Sigma}$ 协方差矩阵依赖于数据的维数 d;β 为一固定的数值。

由式(5.36)可知,上述初始化方法需要计算复杂的 K 矩阵,因此计算量大。为了寻找一种更加高效的模型选择方法和参数初始化方法,本节提出基于 Bhattacharyya 系数准则选择高斯混合模型的个数和基于相关系数准则对高斯混合模型的参数进行初始化;进一步获得了一种变步长学习的高斯模型参数估计算法。下面详细介绍该算法。

5.3 基于变步长学习的高斯混合模型参数估计

本质上看,高斯混合模型的学习过程可分成两个步骤:解码和编码[189]。解码是指通过试验对真实分布进行采样,即采样的过程。与之对应的是编码,编码是指根据试验得到的数据,通过一些数学工具去逼近、拟合或重构真实分布。对于编码,高斯混合模型是一种常用且高效的重构工具,因为高斯混合模型可以逼近任意概率密度函数。实际中,为了度量高斯混合模型与真实分布的接近程度,人们探究了很多非常实用的工具。例如 KL 距离就是一种非常实用的工具,如图 5.1 所示。但是,由于真实分布难以获得,从而导致 KL 距离中的积分难以计算。因此在实际中,可以利用近似分布于真实分布的特征的接近程度来度量近似分布与真实分布的误差,如图 5.2 所示。常见的度量两种分布之间特征的工具有:Hajek 距离[194],Bhattacharyya 系数和 Bhattacharyya 距离[195],Phi 距离[196]和相关系数准则[151-153]。本节提出基于 Bhattacharyya 系数的高斯混合模型个数选择准则和基于相关系数的高斯

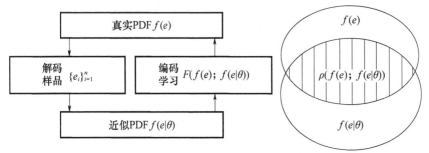

图 5.2　高斯混合模型学习原理和特征度量示意图

模型初始化算法。下面首先给出 Bhattacharyya 系数准则和相关系数定义及计算方法。

5.3.1 Bhattacharyya 系数的定义及计算

1. Bhattacharyya 系数的定义

记真实分布为 $f(e)$,则真实分布与近似分布间的 Bhattacharyya 系数为

$$\rho_B(f(e);f(e\mid\theta)) = \frac{\int f(e\mid\theta)^{1/2} f(e)^{1/2} de}{\left[\int f(e\mid\theta) de \int f(e) de\right]^{1/2}} \qquad (5.39)$$

因为 $\int f(e\mid\theta)de = \int f(e)de = 1$,所以

$$\rho_B(f(e);f(e\mid\theta)) = \int f(e\mid\theta)^{1/2} f(e)^{1/2} de \qquad (5.40)$$

由式(5.40)可得 Bhattacharyya 系数的 3 个重要性质:

(1) Bhattacharyya 系数满足: $0 \leqslant \rho_B(f(e);f(e\mid\theta)) \leqslant 1$,当且仅当 $f(e) = f(e\mid\theta)$, $\rho_B(f(e);f(e\mid\theta)) = 1$;当 $\rho_B(f(e);f(e\mid\theta)) = 0$ 时, $f(e\mid\theta)$ 与 $f(e)$ 相互独立。

(2) $E_d(f(e);f(e\mid\theta)) = 1 - \rho_B(f(e);f(e\mid\theta))$ 表示真实分布与近似分布间的欧几里得距离。

(3) Bhattacharyya 系数是 Bhattacharyya 距离的核函数: $B(f(e);f(e\mid\theta)) = -\ln\rho_B(f(e);f(e\mid\theta))$。

具体推导如下:对于性质 1,由概率密度函数的性质很容易获得。对于性质 2,需要证明其满足距离的 3 个性质:

(1) 非负性。

首先构造

$$1 - \rho_B(f(e\mid\theta);f(e)) = \frac{1}{2}\int [f(e\mid\theta)^{1/2} - f(e)^{1/2}]^2 de$$

$$= \frac{1}{2}\left\{\int f(e\mid\theta)de - 2\int f(e\mid\theta)^{1/2} f(e)^{1/2} de + \int f(e)de\right\}$$

$$= 1 - \int f(e\mid\theta)^{1/2} f(e)^{1/2} de] \geqslant 0 \qquad (5.41)$$

因此 $E_d(f(e);f(e\mid\theta))$ 满足非负性。

(2) 对称性。

根据 $E_d(f(e);f(e|\theta))$ 的定义可得

$$E_d(f(e);f(e|\theta)) = 1 - \rho_B(f(e);f(e|\theta)) = 1 - \int f(e|\theta)^{1/2} f(e)^{1/2} de \tag{5.42}$$

和

$$E_d(f(e|\theta);f(e)) = 1 - \rho_B(f(e|\theta);f(e)) = 1 - \int f(e)^{1/2} f(e|\theta)^{1/2} de \tag{5.43}$$

由式(5.42)和式(5.43),得

$$E_d(f(e);f(e|\theta)) = E_d(f(e|\theta);f(e)) \tag{5.44}$$

即 $E_d(f(e);f(e|\theta))$ 满足对称性。

(3) 三角不等式。

记 $f_1(e|\theta)$ 为近似概率密度函数,则

$$\begin{aligned}
& E_d(f(e);f_1(e|\theta)) + E_d(f_1(e|\theta);f(e|\theta)) \\
&= \frac{1}{2}\int [f(e)^{1/2} - f_1(e|\theta)^{1/2}]^2 de + \frac{1}{2}\int [f_1(e|\theta)^{1/2} - f(e|\theta)^{1/2}]^2 de \\
&= \frac{1}{2}\int \{[f(e)^{1/2} - f_1(e|\theta)^{1/2}]^2 + [f_1(e|\theta)^{1/2} - f(e|\theta)^{1/2}]^2\} de \\
&\geq \frac{1}{2}\int [f(e)^{1/2} - f(e|\theta)^{1/2}]^2 de = E_d(f(e);f(e|\theta))
\end{aligned} \tag{5.45}$$

因此,$E_d(f(e);f(e|\theta))$ 满足三角不等式。

对于性质3,根据式(5.40),可得 Bhattacharyya 距离的定义

$$B(f(e);f(e|\theta)) = -\ln \int f(e|\theta)^{1/2} f(e)^{1/2} de \tag{5.46}$$

显然,Bhattacharyya 距离满足:$0 \leq B(f(e);f(e|\theta)) < \infty$。特别地,Bhattacharyya 距离与 KL 距离之间满足:$2B(f(e);f(e|\theta)) \leq I(f(e);f(e|\theta))$。因为

$$\begin{aligned}
2B(f(e);f(e|\theta)) &= -2\ln \int f(e|\theta)^{1/2} f(e)^{1/2} de = -2\ln \int \left[\frac{f(e|\theta)}{f(e)}\right]^{1/2} f(e) de \\
&= -2\ln E\left\{\left[\frac{f(e|\theta)}{f(e)}\right]^{1/2}\right\} \leq -2E\left\{\ln\left[\frac{f(e|\theta)}{f(e)}\right]^{1/2}\right\} \\
&= \int \ln\left[\frac{f(e|\theta)}{f(e)}\right] f(e) de = I(f(e);f(e|\theta))
\end{aligned} \tag{5.47}$$

式中:$-\ln E[\cdot] \leq -E[\ln(\cdot)]$ 可根据詹森不等式得到,$E[\cdot]$ 表示数学期望。

由 Bhattacharyya 系数的 3 个性质可得,Bhattacharyya 系数可以用来度量真实分布于近似分布之间的距离,因此可用于高斯混合模型的个数选择。

2. Bhattacharyya 系数的计算

将式(5.40)整理成如下形式:

$$\rho_B(f(e);f(e\mid\theta)) = \int \frac{f(e\mid\theta)^{1/2}}{f(e)^{1/2}} \cdot f(e)\mathrm{d}e = E\left[\frac{f(e\mid\theta)^{1/2}}{f(e)^{1/2}}\right] \quad (5.48)$$

本节用直方图函数 $h(e)$ 代替真实分布 $f(e)$,故式(5.48)可近似为

$$\rho_B(f(e);f(e\mid\theta)) \approx \sum_{j=1}^{m} \frac{f(e_j\mid\theta)^{1/2}}{f(e_j)^{1/2}} \cdot h(e_j) \quad (5.49)$$

式中:$h(e_j)$ 表示等分间距为 $m(m<n)$ 的直方图函数;e_j 表示第 j 个等分间距的中心坐标。

进一步,根据直方图函数的定义,得

$$f(e_j) = h(e_j)/w \quad (5.50)$$

其中 $w = (\max\{e_i\}_{i=1}^{n} - \min\{e_i\}_{i=1}^{n})/m$。

因此,将式(5.1)和式(5.50)代入式(5.49),得

$$\rho_B(f(e);f(e\mid\theta)) \approx \sum_{j=1}^{m} w^{1/2} f(e_j\mid\theta)^{1/2} h(e_j)^{1/2}$$

$$= \sum_{j=1}^{m} w^{1/2} \left[\sum_{k=1}^{M} \omega_k \mathcal{N}(e_j\mid\theta_k)\right]^{1/2} h(e_j)^{1/2} \quad (5.51)$$

尽管 Bhattacharyya 系数拥有很多优点,但由 Bhattacharyya 系数的定义可得,它度量的是 $f(e)^{1/2}$ 和 $f(e\mid\theta)^{1/2}$ 之间的距离。当需要度量 $f(e)$ 和 $f(e\mid\theta)$ 之间的特征时,由 4.4.2 节可知相关系数可以度量 $f(e)$ 和 $f(e\mid\theta)$ 之间的特征。

由式(4.43)可得,真实分布与近似分布之间的相关系数为

$$\rho(f(e);f(e\mid\theta)) = \frac{\int f(e)f(e\mid\theta)\mathrm{d}e}{\left[\int f(e)^2\mathrm{d}e \int f(e\mid\theta)^2\mathrm{d}e\right]^{1/2}} \quad (5.52)$$

显然,上述 $\rho(f(e);f(e\mid\theta))$ 满足:$0 \leqslant \rho(f(e);f(e\mid\theta)) \leqslant 1$,对于任意的 $\delta>0$,当 $f(e) = \delta f(e\mid\theta)$ 时,$\rho(f(e);f(e\mid\theta))=1$,即近似分布的特征与真实分布的特征完全一致。

由于概率密度函数满足 $f(e) \geqslant 0$ 和 $f(e\mid\theta) \geqslant 0$,因此 $\rho(f(e);f(e\mid\theta)) \geqslant 0$。又根据柯西不等式,得

第5章　基于高斯混合模型的误差谱算法

$$\int f(e)f(e\mid\theta)\mathrm{d}e \leq \left[\int f(e)^2\mathrm{d}e \int f(e\mid\theta)^2\mathrm{d}e\right]^{1/2} \quad (5.53)$$

即

$$\rho(f(e);f(e\mid\theta)) = \frac{\int f(e)f(e\mid\theta)\mathrm{d}e}{\left[\int f(e)^2\mathrm{d}e \int f(e\mid\theta)^2\mathrm{d}e\right]^{1/2}} \leq 1 \quad (5.54)$$

因此 $0 \leq \rho(f(e);f(e\mid\theta)) \leq 1$。

根据式(4.44)可得,式(5.52)的近似计算公式为

$$\rho(f(e);f(e\mid\theta)) \approx \frac{\sum_{j=1}^{m}\left[\sum_{k=1}^{M}\omega_k \mathcal{N}(e_j\mid\theta_k)\right]h(e_j)}{\left\{\left[\sum_{k=1}^{M}\omega_k\mathcal{N}(e_j\mid\theta_k)\right]^2 \sum_{k=1}^{m} h(e_j)^2\right\}^{1/2}} \quad (5.55)$$

综上所述,随着模型个数的增加,根据式(5.51)可得 Bhattacharyya 系数越来越接近于 1,又根据 Bhattacharyya 系数的性质 3 可得,随着 Bhattacharyya 系数的增加,Bhattacharyya 距离越来越小,即近似分布与真实分布的距离越来越小。因此,本章提出基于 Bhattacharyya 系数准则的高斯模型个数选择。确定高斯模型参数后,又根据式(5.55)所得模型数确定后,模型中参数的初始值可通过相关系数标准确定,即选择模型参数使得近似分布与真实分布之间相关系数最大。

如图 5.3 所示,随着相关系数的增加近似分布的特征与真实分布的特征越来越接近一致。然而,决定每个高斯模型特征的参数是均值和方差,因此可根据相关系数准则对高斯混合模型参数进行初始化。

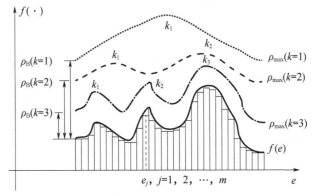

图 5.3　Bhattacharyya 系数和相关系数高斯混合模型数的变化示意图

5.3.2 基于 Bhattacharyya 系数的高斯混合模型个数选择准则

研究基于 Bhattacharyya 系数的高斯混合模型个数选择准则之前,下面先介绍文献[185]提出的贪婪 EM 算法。贪婪 EM 算法学习高斯混合模型的原理如下:

$$f_{k+1}(e\mid\theta) = (1-\alpha)f_k(e\mid\theta_k) + \alpha\phi_\theta(e\mid\theta) \quad (5.56)$$

式中:$f_{k+1}(e\mid\theta)$ 表示模型数为 $k+1$ 的高斯混合模型,是通过 EM 算法学习到的新高斯混合模型,$f_{k+1}(e\mid\theta) = \sum_{q=1}^{k+1}\omega_q\mathcal{N}(e\mid\theta_q)$;$f_k(e\mid\theta_k)$ 表示模型数为 k 的高斯混合模型:$f_k(e\mid\theta) = \sum_{q=1}^{k}\omega_q\mathcal{N}(e\mid\theta_q)$;$\phi_\theta(e\mid\theta)$ 表示添加的高斯模型,$\phi_\theta(e\mid\theta) = \mathcal{N}(e\mid\theta)$;$\alpha$ 为权重,满足 $\alpha \in (0,1)$。

显然,对于给定的模型数和已得到的 $f_k(e\mid\theta_k)$ 与权重 α,参数 θ_k 通过如下对数似然函数学习得到:

$$\mathop{\mathrm{argmax}}\limits_{\theta}\{\ln[(1-\alpha)f_k(e\mid\theta_k) + \alpha\phi_\theta(e\mid\theta)]\} \quad (5.57)$$

通常情况下,$k=1$,因此 $f_1(e\mid\theta) = \mathcal{N}(e\mid\theta)$。可见,该算法根据对数似然值,每一次都是往新的混合模型中添加一个高斯模型。将式(5.56)代入式(5.51),得

$$\rho_B(f(e);f_{k+1}(e\mid\theta)) = \sum_{j=1}^{m}w^{1/2}[f_{k+1}(e_j\mid\theta)]^{1/2}h(e_j)^{1/2} \quad (5.58)$$

显然,当 $\rho_B(f(e);f_{k+1}(e\mid\theta))$ 的值很小时,表明 $f_{k+1}(e\mid\theta)$ 与 $f(e)$ 的距离很大,如果还是每次增加一个高斯模型,收敛速度会明显变慢。因此本节提出变步长学习算法。根据式(5.56),得

$$f_{k+s}(e\mid\theta) = (1-\alpha)f_k(e\mid\theta) + \alpha\mathrm{sgn}[s]\phi_\theta(e\mid\theta) \quad (5.59)$$

式中:$\mathrm{sgn}[\cdot]$ 为符号函数;$\phi_\theta(e\mid\theta)$ 表示每次学习中增加的高斯混合模型,$\phi_\theta(e\mid\theta) = \sum_{p=1}^{|s|}\omega_p\mathcal{N}(e\mid\theta_p)$。

代入式(5.59),得

$$f_{k+s}(e\mid\theta) = (1-\alpha)f_k(e\mid\theta) + \alpha\mathrm{sgn}[s]\sum_{p=1}^{|s|}\omega_p\mathcal{N}(e\mid\theta_p) \quad (5.60)$$

将式(5.60)代入式(5.51),得

$$\rho_B(f(e);f_{k+1}(e\mid\theta)) = \sum_{j=1}^{m}w^{1/2}[f_{k+s}(e_j\mid\theta)]^{1/2}h(e_j)^{1/2}$$

第5章 基于高斯混合模型的误差谱算法

$$= \sum_{j=1}^{m} w^{1/2} \left[(1-\alpha) f_k(e\mid\theta) + \alpha \mathrm{sgn}[s] \sum_{p=1}^{|s|} \omega_p \mathcal{N}(e\mid\theta_p) \right]^{1/2} h(e_j)^{1/2} \tag{5.61}$$

由式(5.60)可知,变步长学习算法首先需要确定添加的高斯混合模型中模型个数 s。下面给出具体步骤:

(1) 给定 Bhattacharyya 系数的上限 ρ_B^{thr},取 $k=1, s=0$,通过 EM 算法得到 $f_1(e\mid\theta) = \mathcal{N}(e\mid\theta)$。

(2) 将 $f_1(e\mid\theta_1)$ 代入式(5.61)计算 $\rho_B(k)$。

(3) 根据 Bhattacharyya 系数计算 $\rho_B(k=1)$ 与 ρ_B^{thr} 两者的绝对距离,给出模型个数 s 的计算公式:

$$s = \begin{cases} \mathrm{INT}(b) + 1 & (b > \mathrm{INT}(b)) \\ \mathrm{INT}(b) & (b \leq \mathrm{INT}(b)) \end{cases} \tag{5.62}$$

式中:$\mathrm{INT}(\cdot)$ 为取整函数;b 为

$$b = c_s(\rho_B^{thr} - \rho_B(k))\mathrm{sgn}[\rho_B^{thr} - \rho_B(k)] \tag{5.63}$$

其中:c_s 为步长;$\rho_B^{thr} - \rho_B(k)$ 满足 $|\rho_B^{thr} - \rho_B(k)| \in (0,1)$。

显然,令步长 $c_s = 1$,则 $b \in (-1,1)$,因此

$$s = \mathrm{INT}(b) \in \{-1, 1\} \tag{5.64}$$

由式(5.64)和式(5.60)可知:

(1) 当 $s = -1$ 时,表明 $\rho_B^{thr} < \rho_B(k)$,故 $f_{k+s}(e\mid\theta)$ 过拟合,需要减去一个高斯模型。

(2) 当 $s = 1$ 时,表明 $\rho_B^{thr} > \rho_B(k)$,故 $f_{k+s}(e\mid\theta)$ 欠拟合,需添加一个高斯模型。

综上可知,上述算法每次都是增加或者减少一个高斯模型,这跟贪婪的 EM 算法非常类似,但是又有区别。为此,称上述算法为固定步长学习算法。

同理,令步长 $c_s = 2$,则 $b \in (-2,2)$,因此

$$s = \mathrm{INT}(b) \in \{-2, -1, 1, 2\} \tag{5.65}$$

显然,当 $c_s = 2$ 或 $c_s = -2$ 时,该算法每次都增加或者减少两个高斯模型。因此,本节将该算法称为变步长学习算法。

综上所述,VSLA 比 FSLA 逼近速度更快,因为 VSLA 的步长比 FSLA 的步长大,并且 FSLA 算法可看作 VSLA 的特例。

当 s 确定后,总的高斯混合模型个数为

$$M = \begin{cases} 1 & (k=1 \text{ 和 } \rho_B(k) \geq \rho_B^{thr}) \\ k+s & (k>1 \text{ 和 } (\rho_B(k) \geq \rho_B^{thr} \text{ 且 } \rho_B(k-1) < \rho_B^{thr}) \end{cases} \tag{5.66}$$

当混合高斯模型的个数确定后，EM 算法的另一个重要的步骤就是如何对高斯混合模型中的 μ_p 和 Σ_p 初始化。由 5.3.1 节可知，本节采用相关系数的准则对高斯混合模型的参数进行初始化。

5.3.3 基于相关系数准则的高斯混合模型参数初始化

根据式(5.60)可得，需要初始化的参数主要有 α、ω_p、μ_p 和 Σ_p。下面给出这些参数初始化的详细步骤。

(1) 对于权重 α，类似于文献[197]，其初始化如下：

$$\alpha = \begin{cases} 0.5 & (|s|=1) \\ \dfrac{2}{s+1} & (|s|\leqslant 2) \end{cases} \tag{5.67}$$

并且

$$\omega_p = \frac{1}{s}(p=1,2,\cdots,s) \tag{5.68}$$

(2) 对于 μ_p 和 Σ_p，根据不同的步长 s，分成如下两种情况进行讨论：

1) 当 $s=0$，$k=1$ 时，刚开始增加一个高斯模型 $\mathcal{N}(e|\mu_p,\Sigma_p)$，并且对 μ_p 和 Σ_p 的初始化如下：

$$\mu_p = \frac{1}{n}\sum_{i=1}^{n}e_i$$

$$\Sigma_p = \frac{1}{n-1}\sum_{i=1}^{n}(e_i-\mu_p)^2 \tag{5.69}$$

2) 当 $s=1$ 或 $s=-1$，且 $k>1$ 时，此时也是增加或减少一个高斯模型，但需确定 μ_p 的搜索范围，即

$$\mu_p \in \left[\mu_{\min}-\Delta\times\sqrt{\Sigma_{\mu_{\min}}},\mu_{\max}+\Delta\times\sqrt{\Sigma_{\mu_{\max}}}\right] \tag{5.70}$$

式中：$\mu_{\min}=\min\{\mu_1,\mu_2,\cdots,\mu_k\}$；$\mu_{\max}=\max\{\mu_1,\mu_2,\cdots,\mu_k\}$；$\Sigma_{\mu_{\min}}$ 为与 $\mu_{\min}$ 对应的方差，满足 $\Sigma_{\mu_{\min}}\in\{\Sigma_{\mu_1},\Sigma_{\mu_2},\cdots,\Sigma_{\mu_k}\}$；$\Sigma_{\mu_{\max}}$ 为与 $\mu_{\max}$ 对应的方差，满足 $\Sigma_{\mu_{\max}}\in\{\Sigma_{\mu_1},\Sigma_{\mu_2},\cdots,\Sigma_{\mu_k}\}$；$\Delta$ 为常量，通常情况令 $\Delta=3$。

当确定 μ_p 后，μ_p 的范围也可随之确定。假设 μ_p 的范围为

$$\mu_p \in \left[\mu_r-\Delta\times\sqrt{\Sigma_{\mu_r}},\mu_r+\Delta\times\sqrt{\Sigma_{\mu_r}}\right] \tag{5.71}$$

则

$$\Sigma_p = \Sigma_{\mu_r} \tag{5.72}$$

式中：μ_r 为 μ_p 的范围中对应的值，满足 $\mu_r\in\{\mu_1,\mu_2,\cdots,\mu_k\}$。

将式(5.67)、式(5.68)、式(5.70)和式(5.72)代入式(5.55),得

$$\rho(f(e);f(e\mid\theta)) \approx \frac{\sum_{j=1}^{m}\left\{\sum_{q=1}^{k}\left[(1-\alpha)f_k\left(e_j\mid\mu_q,\Sigma_q\right)+\alpha\mathrm{sgn}[s]\sum_{p=1}^{|s|}\omega_p\mathcal{N}\left(e_j\mid\mu_p,\Sigma_p\right)\right]\right\}h(e_j)}{\left\{\left\{\sum_{k=1}^{M}\left[(1-\alpha)f_k(e_j\mid\mu_k,\Sigma_k)+\alpha\mathrm{sgn}[s]\sum_{p=1}^{|s|}\omega_p\mathcal{N}(e_j\mid\mu_p,\Sigma_p)\right]\right\}^2\sum_{k=1}^{m}h(e_j)^2\right\}^{1/2}}$$
(5.73)

当上述相关系数达到最大时,输出 μ_p 和 Σ_p,即

$$\{\mu_p,\Sigma_p\} = \underset{\mu_p,\Sigma_p}{\mathrm{argmax}}\{\rho[f(e);f_{k+s}(e\mid\alpha,\omega_s,\mu_s,\Sigma_s)]\} \quad (5.74)$$

3)当 $s=2$ 或 $s=-2$,且 $k>1$ 时,此时增加或减少的是一个高斯混合模型,仍先确定 μ_p 的搜索范围,即

$$\mu_p \in [\mu_1 - \Delta \times \sqrt{\Sigma_{\mu_1}}, \mu_1 + \Delta \times \sqrt{\Sigma_{\mu_1}}] \quad (5.75)$$

式中:

$$\mu_1 = \frac{1}{n}\sum_{i=1}^{n}e_i$$

$$\Sigma_{\mu_1} = \frac{1}{n-1}\sum_{i=1}^{n}(e_i-\mu_1)^2 \quad (5.76)$$

Σ_p 可根据文献[193]确定,即

$$\Sigma_p = \frac{\sqrt{\lambda}}{2}\left[\frac{4}{(d+2)n}\right]^{\frac{1}{d+4}} \quad (5.77)$$

式中:λ 为 Σ_{μ_1} 的最大奇异值;d 为数据 $\{e_i\}_{i=1}^{n}$ 的维数。

同理,将式(5.76)和式(5.77)代入式(5.74)得到均值 μ_p 和协方差 Σ_p 的初始值。

综上所述,可以得到基于相关系数的高斯混合模型参数初始化的伪代码,如表 5.1 所列。

表 5.1 基于相关系数的高斯混合模型初始化伪代码

输入:$\{e_1,e_2,\cdots,e_m\}$,Δ,s,ρ^{thr},$l=0$,$c=0.1$,$\mu_1=\sum_{i=1}^{n}e_i/n$,$\Sigma_1=\sum_{i=1}^{n}(e_i-\mu_1)^2/(n-1)$
输出:μ_p,Σ_p

```
if s = 0 or k = 1 then
    μ_p = μ_1, Σ_p = Σ_1, α = 0.5
else if s = 1 and k > 1 then
    μ_min = min{μ_1,μ_2,⋯μ_k}, Σ_μmin ∈ {Σ_1,Σ_2,⋯,Σ_k}
    μ_max = max{μ_1,μ_2,⋯μ_k}, Σ_μmax ∈ {Σ_1,Σ_2,⋯,Σ_k}
    μ_p = μ_min − Δ × √Σ_μmin, Σ_p = Σ_μp
    while μ_p ≤ μ_max + Δ × √Σ_max do
    repeat
        {μ_p,Σ_p} = argmax_{μ_p,Σ_p} ρ^{k+s}(f(e);(1−α)N_k(e|μ_old,Σ_old) + αN(e|μ_p,Σ_p)) then
        μ_p = μ_min − Δ × √Σ_μmin + l, Σ_p = Σ_μp and l = l + c end while
else if s ≥ 2 and k > 1 then μ_old = μ_1, Σ_old = Σ_1
    for i = 1 to s do
    α = 1/(k+i), μ_p = μ_1 − Δ × Σ_1 + l, Σ_p = (√λ/2)[4/((d+2)n)]^{1/(d+4)}
    while μ_p ≤ μ_1 + Δ × Σ_1 do
        repeat
            {μ_p,Σ_p} = argmax_{μ_p,Σ_p} ρ^{k+s}[f(e);(1−α)N_k(e|μ_old,Σ_old) + αN(e|μ_p,Σ_p)] then
            μ_old = [μ_old,μ_p], Σ_old = [Σ_old,Σ_p] and l = l + c
        end while
    end for
end if
```

5.3.4 变步长学习的高斯混合模型参数估计算法基本步骤

根据上述高斯模型选择方法和参数初始化方法,对式(5.60)取对数可得

$$
\begin{aligned}
L_{k+s} &= \sum_{i=1}^{n} \ln f_{k+s}(e_i \mid \theta) \\
&= \sum_{i=1}^{n} \ln\left[(1-\alpha)f_k(e_i \mid \theta) + \alpha\,\mathrm{sgn}[s]\sum_{p=1}^{|s|}\omega_p \mathcal{N}(e_i \mid \theta_p)\right]
\end{aligned} \quad (5.78)
$$

类似于式(5.20)~式(5.22),得到变步长学习算法的迭代公式为

第 5 章 基于高斯混合模型的误差谱算法

$$P(k+s \mid e_i) = \frac{\alpha \sum_{p=1}^{|s|} \omega_p \mathcal{N}(e_i \mid \mu_p, \Sigma_p)}{(1-\alpha) f_k(e_i \mid \theta_k) + \alpha \sum_{p=1}^{|s|} \omega_p \mathcal{N}(e_i \mid \mu_p, \Sigma_p)} \quad (5.79)$$

$$\alpha_{k+s} = \frac{1}{n} \sum_{i=1}^{n} P(k+s \mid e_i) \quad (5.80)$$

$$\mu_{k+s}^{t+1} = \frac{\sum_{i=1}^{n} P(k+s \mid e_i) \times e_i}{\sum_{i=1}^{n} P(k+s \mid e_i)} \quad (5.81)$$

$$\Sigma_{k+s}^{t+1} = \frac{\sum_{i=1}^{n} P(k+s \mid e_i) \times (e_i - \mu_{k+s}^{t+1}) \times (e_i - \mu_{k+s}^{t+1})^{\mathrm{T}}}{\sum_{i=1}^{n} P(k+s \mid e_i)} \quad (5.82)$$

综上所述,可得变步长学习的高斯混合模型参数估计算法基本步骤:

步骤 1 给定 EM 算法中最大迭代次数 $t_{\max}$,算法收敛的条件 $\varepsilon > 10^{-6}$,Bhattacharyya 系数的阈值 ρ_B^{thr},计算 $\mu_1 = \sum_{i=1}^{n} e_i/n$, $\Sigma_1 = \sum_{i=1}^{n} (e_i - \mu_1)^2/(n-1)$。

步骤 2 当 $k=1, s=0$ 时,高斯混合模型的初始值为 $M=1, \omega_p=1, \mu_p=\mu_1, \Sigma_p=\Sigma_1$;否则根据表 5.1 的参数初始化得到参数 $M, \omega_p, \mu_p, \Sigma_p$ 的初始值。

步骤 3 根据迭代公式(5.79)~式(5.82),估计得到高斯混合模型的参数 $M, \omega_p, \mu_p, \Sigma_p$。

步骤 4 根据式(5.58),计算 Bhattacharyya 系数 $\rho_B(k)$;然后根据式(5.62)~式(5.64)计算 s。

步骤 5 令 $k=k+s$,重复步骤 2~4,当满足算法收敛条件时,输出 $M, \omega_p, \mu_p, \Sigma_p$ 的值。

进一步得到算法的伪代码,如表 5.2 所列。

表 5.2 变步长学习的高斯混合模型参数估计算法伪代码

输入: $\{e_1, e_2, \cdots, e_n\}, \Delta, s, \rho_B^{\mathrm{thr}}, l, c, c_s, \varepsilon, t_{\max\_\text{step}}, \mu_1 = \sum_{i=1}^{n} e_i/n, \Sigma_1 = \sum_{i=1}^{n} (e_i - \mu_1)^2/(n-1)$

输出: M, μ, Σ, α

while 1
    Initialization according to Table 5.1: $\alpha, \mu_{k+s}^t = [\mu_{\text{old}}, \mu_q], \Sigma_{k+s}^t = [\Sigma_{\text{old}}, \Sigma_q]$
    for $t=1$ to $t_{\max\_\text{step}}$ do

续表

$$P(k+s\mid e_i)=\frac{\alpha\sum_{p=1}^{\mid s\mid}\omega_p^t N(e_i\mid \mu_p^t,\Sigma_p^t)}{(1-\alpha)f_k(e_i\mid \theta)+\alpha\sum_{p=1}^{\mid s\mid}\omega_p N(e_i\mid \mu_p^t,\Sigma_p^t)},\quad \alpha_{k+s}^{t+1}\triangleq\frac{1}{n}\sum_{i=1}^{n}P(k+s\mid e_i)$$

$$\mu_{k+s}^{t+1}=\frac{\sum_{i=1}^{n}P(k+s\mid e_i)\times e_i}{\sum_{i=1}^{n}P(k+s\mid e_i)},\quad \Sigma_{k+s}^{t+1}=\frac{\sum_{i=1}^{n}P(k+s\mid e_i)\times(e_i-\mu_{k+s}^{t+1})\times(e_i-\mu_{k+s}^{t+1})^{\mathrm{T}}}{\sum_{i=1}^{n}P(k+s\mid e_i)}$$

$$\text{if } \varepsilon\geq\max\left[\frac{\|\mu_{k+s}^{t+1}-\mu_{k+s}^{t}\|_2}{\|\mu_{k+s}^{t}\|_2},\frac{\|\Sigma_{k+s}^{t+1}-\Sigma_{k+s}^{t}\|_2}{\|\Sigma_{k+s}^{t}\|_2},\frac{\left(\sum_{k=1}^{M}(\alpha_{k+s}^{t+1}-\alpha_{k+s}^{t})^2\right)^{1/2}}{\left(\sum_{k=1}^{M}(\alpha_{k+s}^{t})^2\right)^{1/2}}\right] \text{ then,}$$

  break;
 end if
end for

$$w=\frac{\max\{e_1,e_2,\cdots,e_n\}-\min\{e_1,e_2,\cdots,e_n\}}{m}$$

$$\rho_B^{k+s}(f(e)^{1/2};f(e\mid\theta)^{1/2})=\sum_{j=1}^{m}w^{1/2}\left[\sum_{q=1}^{k+s}\alpha_q^{t+1}N(e_j\mid\mu_q^{t+1},\Sigma_q^{t+1})\right]^{1/2}h(e_j)^{1/2}$$

if $s=0$ and $\rho_B^{k+s}(f(e)^{1/2};f(e\mid\theta)^{1/2})\geq\rho_B^{\mathrm{thr}}$ then $M=k+s$, $\mu=\mu_{k+s}^{t+1}$, $\Sigma=\Sigma_{k+s}^{t+1}$, $\alpha=\alpha_{k+s}^{t+1}$ break;

 else if $s=0$ and $\rho_B^{k+s}(f(e)^{1/2};f(e\mid\theta)^{1/2})<\rho_B^{\mathrm{thr}}$ then $s=\begin{cases}\mathrm{INT}(b)+1\;(b>\mathrm{INT}(b))\\\mathrm{INT}(b)\quad\;(b\leq\mathrm{INT}(b))\end{cases}$

 else if $s\geq 1$ and $\rho_B^{k+s}(f(e)^{1/2};f(e\mid\theta)^{1/2})=\rho_B^{\mathrm{thr}}$ then

  $M=k+s$, $\mu=\mu_{k+s}^{t+1}$, $\Sigma=\Sigma_{k+s}^{t+1}$, $\alpha=\alpha_{k+s}^{t+1}$, break;

 else if $s\geq 1$ and $\rho_B^{k+s}(f(e)^{1/2};f(e\mid\theta)^{1/2})>\rho_B^{\mathrm{thr}}$ then

$$\rho_B^{k+s-1}(f(e)^{1/2};f(e\mid\theta)^{1/2})=\sum_{j=1}^{m}w^{1/2}\left[\sum_{q=1}^{k+s-1}\alpha_{q-1}^{t+1}N(e_j\mid\mu_{q-1}^{t+1},\Sigma_{q-1}^{t+1})\right]^{1/2}h(e_j)^{1/2}$$

if $\rho_B^{k+s-1}(f(e)^{1/2};f(e\mid\theta)^{1/2})=\rho_B^{\mathrm{thr}}$ then $M=k+s-1$, $\mu=\mu_{k+s-1}^{t+1}$, $\Sigma=\Sigma_{k+s-1}^{t+1}$, $\alpha=\alpha_{k+s-1}^{t+1}$, break;

 else if $\rho_B^{k+s-1}(f(e)^{1/2};f(e\mid\theta)^{1/2})<\rho_B^{\mathrm{thr}}$ then $M=k+s$, $\mu=\mu_{k+s}^{t+1}$, $\Sigma=\Sigma_{k+s}^{t+1}$, $\alpha=\alpha_{k+s}^{t+1}$, break;

 else if $\rho_B^{k+s-1}(f(e)^{1/2};f(e\mid\theta)^{1/2})>\rho_B^{\mathrm{thr}}$ then $s=\begin{cases}\mathrm{INT}(b)+1,(b>\mathrm{INT}(b))\\\mathrm{INT}(b)\quad\;,(b\leq\mathrm{INT}(b))\end{cases}$ end if

 else if $s\geq 1$ and $\rho_B^{k+s}(f(e)^{1/2};f(e\mid\theta)^{1/2})<\rho_B^{\mathrm{thr}}$ then $s=\begin{cases}\mathrm{INT}(b)+1,\quad b>\mathrm{INT}(b)\\\mathrm{INT}(b),\quad\quad b\leq\mathrm{INT}(b)\end{cases}$

 end if
 $k=k+s$
end while

5.3.5 仿真验证

下面利用变步长学习的高斯混合模型参数估计算法和文献[178]中的贪婪算法对仿真数据和实际数据进行学习,以验证变步长学习算法的正确性和有效性。

1. 基于仿真数据的高斯模型参数估计分析

首先,通过蒙特卡罗的方法产生 $n = 10000$ 个数据 $\{e_i\}_{i=1}^n$,假设该数据来自高斯混合模型 $\sum_{q=1}^{M} \omega_q \mathcal{N}(\mu_q, \Sigma_q)$,其参数为

$$\begin{cases} M = 5 \\ \omega = [1/6 \quad 1/5 \quad 3/10 \quad 1/5 \quad 2/15] \\ \mu = [1 \quad 7 \quad 15 \quad 17 \quad 29] \\ \Sigma = [1 \quad 2 \quad 1 \quad 0.5 \quad 1] \end{cases}$$

然后,计算直方图的等分数 $m = 2\sqrt{n} - 1$[198],为节约计算时间,最大迭代次数 $t_{\max} = 1000$,收敛条件 $\varepsilon = 1 \times 10^{-6}$,Bhattacharyya 系数的阈值 $\rho_B^{\text{thr}} = 0.9900$,令 $c_s = 1$ 和 $c_s = 2$ 分别得到 FSLA 和 VSLA,GEM 的初始化($k = 1, \omega_k, \mu_k, \Sigma_k$ 由蒙特卡罗方法随机产生)详见文献[185]。仿真得到这 3 种算法的学习结果和迭代次数曲线如图 5.4 所示。

仿真数据 $\{e_i\}_{i=1}^n$ 的直方图如图 5.4(a)～(c)所示。由图 5.4(a)～(c)可知,3 种学习算法得到的高斯混合模型个数与真实数据模型数一致(都等于 5 个);比较图 5.4(a)和图 5.4(c)可知,当 $M = 4$ 时,FSLA 得到的高斯混合模型曲线能够完全拟合图中左边两个高斯模型,而 GEM 则没有拟合;因此,FSLA 的拟合效果比 GEM 的拟合效果好,这也说明 FSLA 的初始化方法比 GEM 的初始化方法要好。此外,图 5.4(b)表明 VSLA 学习的高斯模型只有 $M = 1,3,5$,但图 5.4(d)中表明 VSLA 还学习了 $M = 4$ 的高斯模型,原因是 VSLA 需要判断是否存在过拟合现象;由图 5.4(d)可知,GEM 的迭代次数曲线在 FSLA 和 VSLA 的迭代次数曲线上面,说明 GEM 算法需要的迭代次数最大,收敛速度最慢。同时,也说明 FSLA 和 VSLA 收敛速度快,计算效率高。并且,VSLA 需要学习的高斯模型($M = 1,3,4,5$)比 FSLA($M = 1,2,3,4,5$)少一次,因此 VSLA 的计算效率比 FSLA 要高;图 5.4(e)表明随着高斯混合模型数的增加,Bhattacharyya 系数趋近于 1,即越来越接近真实分布。综上所述,与 GEM 相比,FSLA 和 VSLA 不仅能正确估计高斯模型的参数,而且还能快速收敛。

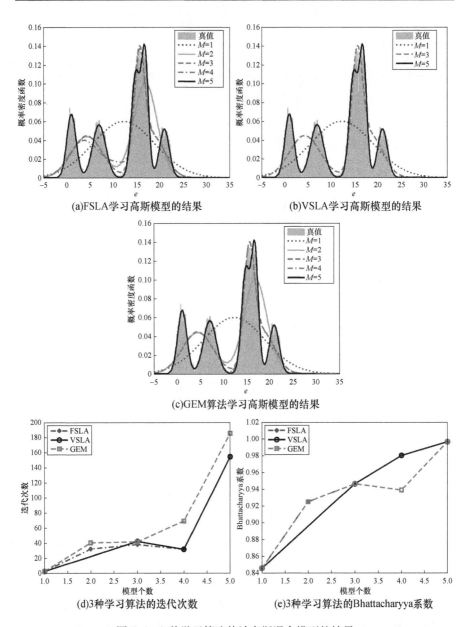

图 5.4 3 种学习算法估计高斯混合模型的结果

2. 基于实际数据的高斯模型参数估计分析

上述仿真结果表明：FSLA 和 VSLA 学习仿真数据时的正确性和有效性。为进一步说明 FSLA 和 VSLA 的正确性，本节采用 Peter 提供的测试数据——

Enzyme 数据集(该数据集可从 http://www.stats.bris.ac.uk/~peter/mixdata 下载)对上述两种算法进行测试,试验结果如图 5.5 所示。

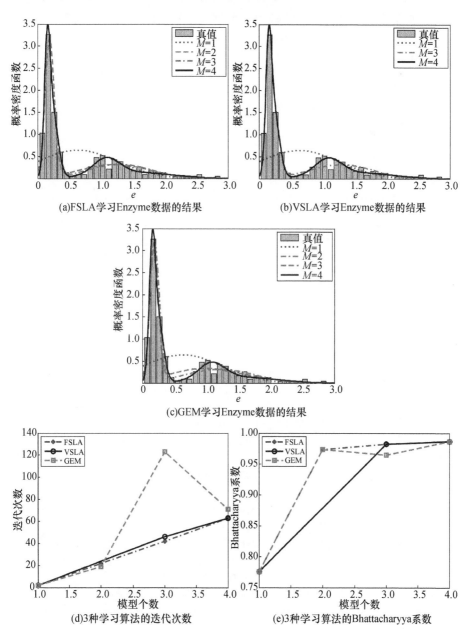

图 5.5　3 种学习算法基于 Enzyme 数据学习的结果

图 5.5(a)~(c)为 3 种算法在不同的高斯混合模型个数时拟合 Enzyme 数据集的结果。图 5.5(d)为 3 种算法在不同的高斯混合模型个数时对应的 EM 算法迭代次数；图 5.5(e)为 3 种算法在不同的高斯混合模型个数时对应的 Bhattacharyya 系数。由图 5.5(a)~图 5.5(c)可知，3 种算法学习得出的高斯混合模型数为 4 个，与文献[181,190]得到的结果相符，进一步整理图 5.5 中的学习结果，如表 5.3 所列。

表 5.3　3 种算法学习 Enzyme 数据集的结果

算法	M	ω	μ	Σ	ρ_B	t
FSLA	1	1	0.6223	0.3852	0.7760	2
VSLA	1	1	0.6223	0.3852	0.7760	2
GEM	1	1	0.6223	0.3852	0.7760	2
FSLA	2	[0.4259,0.5741]	[0.2350,1.2875]	[0.0070,0.2403]	0.9734	22
VSLA	—	—	—	—	—	—
GEM	2	[0.4259,0.5741]	[0.2350,1.2875]	[0.0070,0.2403]	0.9734	26
FSLA	3	[0.3932,0.3008 0.3060]	[1.2875,0.2350 0.1481]	[0.2403,0.0070 0.0022]	0.9821	42
VSLA	3	[0.3932,0.3008 0.3060]	[1.2875,0.2350 0.1481]	[0.2403,0.0070 0.0022]	0.9821	46
GEM	3	[0.3932,0.3008 0.3060]	[1.2875,0.2350 0.1481]	[0.2403,0.0070 0.0022]	0.9821	108
FSLA	4	[0.1994,0.3021 0.3075,0.1910]	[1.5005,0.2360 0.1484,1.0793]	[0.3335,0.0071 0.0022,0.0419]	0.9864	63
VSLA	4	[0.1994,0.3021 0.3075,0.1910]	[1.5005,0.2360 0.1484,1.0793]	[0.3335,0.0071 0.0022,0.0419]	0.9864	63
GEM	4	[0.1994,0.3021 0.3075,0.1910]	[1.5005,0.2360 0.1484,1.0793]	[0.3335,0.0071 0.0022,0.0419]	0.9864	75

由表 5.3 可得

$$t^{\text{FSLA}} = 2 + 22 + 46 + 63 = 133$$

$$t^{\text{VSLA}} = 2 + 46 + 63 = 111$$
$$t^{\text{GEM}} = 2 + 26 + 108 + 75 = 211 \tag{5.83}$$

即
$$t^{\text{VSLA}} < t^{\text{FSLA}} < t^{\text{GEM}} \tag{5.84}$$

其中:t^{FSLA}、t^{VSLA},t^{GEM}分别为 FSLA、VSLA 和 GEM 算法的迭代总次数。

显然,VSLA 收敛速度最快,因为 FSLA 初始化方法优于 GEM 算法,所以 FSLA 收敛速度比 GEM 算法快。

综上所述,与 GEM 算法相比,VSLA 和 FSLA 在实际数据的学习中不仅能正确估计高斯模型的个数和参数,而且还能更快更有效地收敛。也就是说,基于 Bhattacharyya 系数准则能够正确估计高斯混合模型个数,并且基于相关系数准则的高斯混合模型参数初始化方法能够提高 EM 算法的收敛速度。

5.4 基于高斯混合模型的误差谱算法

解决了高斯混合模型的计算问题后,针对误差范数分布形式未知的小样本数据时误差谱的计算问题,本节提出一种基于高斯混合模型的误差谱近似算法。

5.4.1 基于高斯混合模型的误差谱近似算法的基本步骤

基于小样本数据,学习得到了高斯混合模型后,下面给出基于高斯混合模型的误差谱近似算法的基本步骤。

步骤 1　假设实际中得到的原始样本为 $\{e_i\}_{i=1}^n$,其中 $n \geq 10$,计算 $\mu_1 = \sum_{i=1}^n e_i/n$,$\Sigma_1 = \sum_{i=1}^n (e_i - \mu_1)^2/(n-1)$。

步骤 2　给定 EM 算法中最大迭代次数 $t_{\max} = 1000$,算法收敛的条件 $\varepsilon > 10^{-6}$,Bhattacharyya 系数的阈值 ρ_B^{thr}。

步骤 3　根据表 5.2 中变步长学习算法的高斯混合模型估计算法得到原始样本的近似概率密度函数:$f(e \mid \theta) = \sum_{k=1}^M \omega_k \mathcal{N}(e \mid \theta_k)$。

步骤 4　根据原始样本的近似概率密度函数:$f(e \mid \theta) = \sum_{k=1}^M \omega_k \mathcal{N}(e \mid \theta_k)$ 进行重采样,从而得到重采样样本 $\{e_k^*\}_{k=1}^N$。

步骤5　计算重采样样本与原始样本的相关系数 $\rho(\{e_i\}_{i=1}^{n};\{e_{k=1}^{*}\}_{k=1}^{N})$，通过相似度准则判断是否输出重采样样本。如果 $\rho(f(x);f(x^*)) \geq \rho_g$，则输出重采样样本 $\{e_{k=1}^{*}\}_{k=1}^{N}$，否则重复步骤 1 ~ 4 直到满足相似度条件。

步骤6　根据重采样样本 $\{e_{k=1}^{*}\}_{k=1}^{N}$，利用 $\text{PME}(r) = \left\{\sum_{i=1}^{n}(e_i^*)^r/N\right\}^{1/r}$ 计算误差谱。

5.4.2　仿真验证

根据 4.3.3 节中的仿真初始条件和式(4.8)的分布函数，通过蒙特卡罗方法，产生 10 个原始样本 $\{e_i\}_{i=1}^{n}$，原始样本的直方图如图 5.6 所示。根据原始样本，利用高斯混合模型进行原始样本概率密度函数逼近。不同高斯混合模型的个数逼近得到的概率密度函数曲线如图 5.7 ~ 图 5.9 所示。采用重采样的方法，根据近似得到的概率密度函数，重新产生新的样本 $\{e_i^*\}_{i=1}^{N=10000}$。再用相关系数准则判断重采样样本与原始样本的特征是否一致，以确保重采样样本 $\{e_i^*\}_{i=1}^{N=10000}$ 的正确性。不同的高斯混合模型个数对应的重采样样本如图 5.10 ~ 图 5.12 所示。将满足相关系数准则条件的重采样样本代入幂均值误差计算公式，就能得到基于高斯混合模型的近似误差谱曲线，如图 5.13 所示。

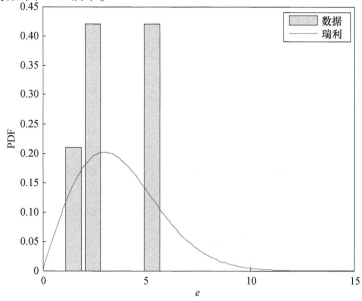

图 5.6　原始样本直方图

第 5 章 基于高斯混合模型的误差谱算法

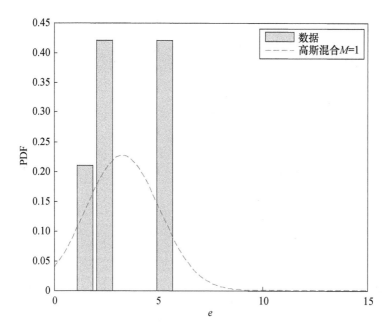

图 5.7 $M=1$ 高斯混合模型

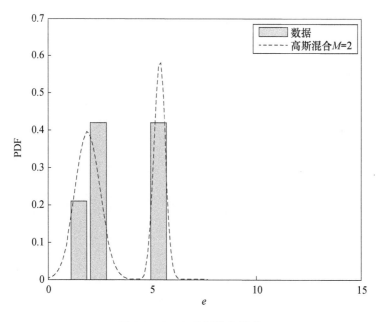

图 5.8 $M=2$ 高斯混合模型

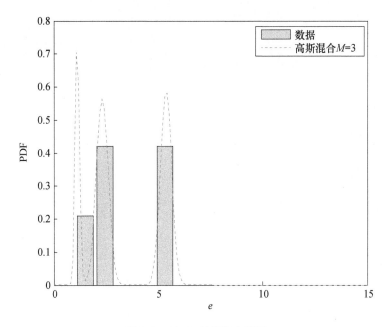

图 5.9　$M=3$ 高斯混合模型

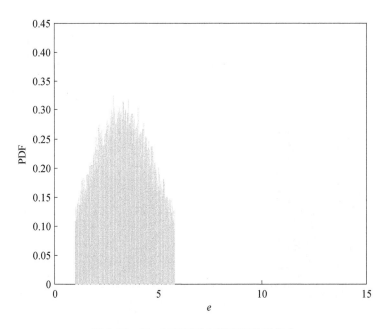

图 5.10　$M=1$ 高斯混合模型重采样样本

第 5 章　基于高斯混合模型的误差谱算法

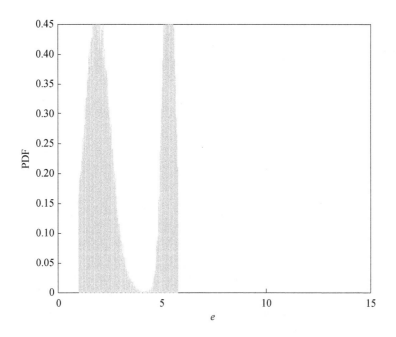

图 5.11　$M=2$ 高斯混合模型重采样样本

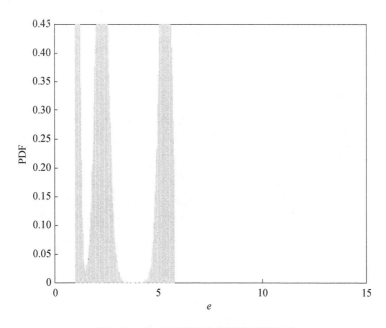

图 5.12　$M=3$ 高斯混合模型重采样样本

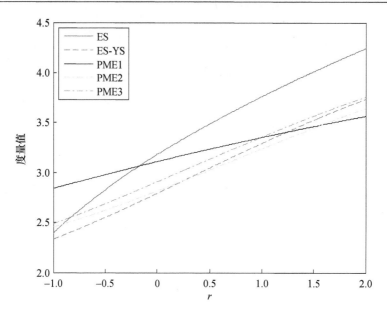

图 5.13 不同重采样样本的误差谱曲线

5.4.3 仿真结果分析

由图 5.7~图 5.9 可知,根据现有的原始样本信息,高斯混合模型估计的概率密度函数的特征越来越接近原始数据的特征。因为在小样本的条件下,只能根据小样本数据及其特征来挖掘小样本数据中的信息。因此,随着高斯混合模型个数的增加,估计的概率密度函数特征与原始数据的特征越来越一致。进一步由图 5.10~图 5.12 可知,基于不同的高斯混合模型得到的重采样样本也不尽相同。但是当高斯混合模型个数 $M=3$ 时,产生的重采样样本的特征与原始样本特征最接近。并且由图 5.13 中的 PME3 的近似误差谱曲线可知,利用与原始样本数据特征最相近的高斯混合模型得到的重采样数据($M=3$)计算的近似误差谱曲线与实际的误差谱曲线的变化趋势也比较接近。显然,基于高斯混合模型得到的近似误差谱曲线,能够反映误差谱曲线的基本特征。因此可以用基于高斯混合模型的近似误差谱代替真实的误差谱进行评估。

5.5 本章小结

本章主要研究了小样本数据时误差谱的计算问题,提出了基于高斯混合模型的误差谱近似算法。首先基于原始样本数据,利用高斯混合模型估计原始样本数据的概率密度函数。特别地,提出了一种变步长学习算法高斯混合模型参数的估计算法,该算法主要包括基于 Bhattacharyya 系数准则的高斯混合模型个数选择方法和基于相关系数的高斯混合模型参数初始化方法。然后通过估计的高斯混合模型,利用重采样的方法得到基于高斯混合模型的重采样样本。最后将该重采样样本代入幂均值误差的计算公式,从而得到近似的误差谱。仿真结果表明:基于高斯混合模型的幂均值误差曲线不仅保留了原始样本的信息,还能正确反映真实误差谱曲线的特征。因此,在工程实际中,可用基于高斯混合模型的幂均值误差曲线代替真实的误差谱进行评估。

第6章 基于误差谱的空地导弹系统命中精度评估

6.1 引　言

导弹系统的性能是指导弹系统中各子系统性能的综合能力。导弹系统的性能是影响导弹武器系统总体性能的关键因素。因此,研究导弹系统的性能具有非常重要的意义。一般情况下,导弹系统的性能主要由战术性能和技术性能组成。战术性能是指通过技术设计的方法实现导弹技术性能所需要具备的能力,主要包括飞行性能、目标特性、命中精度、威力与杀伤概率、战场环境适应性、突防与生存能力、发射性能、可靠性和使用操作性能。技术性能是指为满足战术性能要求而采用的各项技术所体现的性能,它反映出导弹的技术特点与先进性,以及研制成本和装备服役的费用,主要包括导弹的气动类型、外形尺寸、制导方式及导引系统类型、战斗部威力、引信类型和发动机类型等。

6.2 基于误差谱的空地导弹系统命中精度评估

空地导弹系统命中精度直接反映了空地导弹的弹着点与目标瞄准点的统计特征[65,199]。常用的武器精度指标有准确度、密集度和圆概率误差。其中准确度是指弹着点的散布中心相对目标瞄准点的偏离程度;密集度是指弹着点相对散布中心的离散程度;CEP 是指以弹着点的散布中心为圆心作一个圆,弹着点落入该圆内的概率为50%时圆的半径[200-201]。在命中精度评估中,大样本数据时,传统的统计方法能够处理此类精度评估问题[202]。但是,由于导弹属于价格昂贵的武器系统,实际的试验样本非常有限,传统的统计方法针对此类评估问题将难以处理。目前,虽然处理小样本的方法很多[203-205],但有其自身的局限性。因此,我们提出一种新的空地导弹系统命中精度评估方法[48]。

6.2.1 数据预处理

由于空地导弹各阶段属于小样本试验,经典的性能评估方法难以应用。针对小样本问题,通常利用重采样的方法对样本进行扩容,或者基于半实物仿真的方法对样本进行扩容等[206-208]。本小节进行数据预处理的目的是扩容样本量。

假设在对空地导弹系统的命中精度评估前,获得一组已处理过的试验数据(相容性检验)$(X,Z) = [(x_1,z_1),(x_2,z_2),\cdots,(x_n,z_n)]$,其中 n 为试验样本容量,并且试验数据满足独立同分布的条件。令目标位置为$(X_0,Z_0) = (x_0,z_0)$,则横向和纵向偏差为

$$\tilde{X} = X - X_0 = [(x_1 - x_0),(x_2 - x_0),\cdots,(x_n - x_0)] = (\tilde{x}_1,\tilde{x}_2,\cdots,\tilde{x}_n)$$
$$\tilde{Z} = Z - Z_0 = [(z_1 - z_0),(z_2 - z_0),\cdots,(z_n - z_0)] = (\tilde{z}_1,\tilde{z}_2,\cdots,\tilde{z}_n)$$
(6.1)

通常情况下,相对距离或相对距离误差都能表征弹着点与目标的统计特性:

$$c_i = \sqrt{x_i^2 + z_i^2} \quad (i = 1,2,\cdots,n) \tag{6.2}$$

或

$$\tilde{c}_i = \sqrt{\tilde{x}_i^2 + \tilde{z}_i^2} \quad (i = 1,2,\cdots,n) \tag{6.3}$$

为了区分原始试验样本$(X,Z) = [(x_1,z_1),(x_2,z_2),\cdots,(x_n,z_n)]$,假设扩容后的样本为$(X^*,Z^*) = [(x_1^*,z_1^*),(x_2^*,z_2^*),\cdots,(x_B^*,z_B^*)]$,则扩容后样本的相对距离误差为

$$\tilde{c}_i^* = \sqrt{(\tilde{x}_i^*)^2 + (\tilde{z}_i^*)^2} \quad (i = 1,2,\cdots,n) \tag{6.4}$$

为了方便,将扩容样本的相对距离误差记为$\tilde{c}^* = \{\bar{c}^{*j}\}_{j=1}^B$。

此处,采用第 4 章提出的基于相关系数的 Bootstap 重采样方法对空地导弹原始样本进行扩容,其主要步骤如下:

步骤 1 取相关系数阈值 $\rho_e = 0.95$,然后将空地导弹系统试验的数据转化成相对距离误差 $\{\tilde{c}_i\}_{i=1}^n$。

步骤 2 产生区间均匀分布的随机数 $R \in \mathcal{U}(0,M)$,其中 M 满足 $M \gg n$。

> 步骤3　令 $p = \mod(R,n)$，如果 $\mod(R,n) = 0$，令 $p = 1$；如果 $\mod(R,n) > n$，令 $p = n$。
>
> 步骤4　令 $\tilde{c}_1^{*1} = \tilde{c}_p$，然后重复步骤2和3 n 次，从而得到新的样本 $\tilde{c}^{*1} = \{\tilde{c}_i^{*1}\}_{i=1}^n$。
>
> 步骤5　计算新的样本 $\tilde{c}^{*1} = \{\tilde{c}_i^{*1}\}_{i=1}^n$ 与试验数据 $\{\tilde{c}_i\}_{i=1}^n$ 之间的相关系数 $\rho(f(x); f(x^*))$，如果 $\rho(f(x); f(x^*)) \geq \rho_\varepsilon$，则输出 $\bar{c}^{*1} = \sum_{i=1}^n \tilde{c}_i^{*1}/n$ 一个新样本；否则重复步骤2和4直到 $\rho(f(x); f(x^*)) \geq \rho_\varepsilon$。
>
> 步骤6　重复步骤2和5 B 次得到扩容后的样本 $\bar{c}^* = \{\bar{c}^{*j}\}_{j=1}^B$。

综上可知，数据预处理后就可得到原始样本扩容后样本的相对距离误差 $\bar{c}^* = \{\bar{c}^{*j}\}_{j=1}^B$，下面基于该扩容后的样本，对空地导弹系的统命中精度进行评估。

6.2.2　空地导弹系统命中精度度量指标

在对导弹试验样本进行扩容后，经典的度量指标就能用于空地导弹系统命中精度评估。根据第2章提出的度量指标用于空地导弹系统命中精度评估，下面进行简要分析。

1. 算术平均误差和均方根误差度量

两个常用的空地导弹系统命中精度度量指标（准确度和密集度）本质上就是利用样本均值和方差表征弹着点与目标瞄准点的偏离程度和离散程度，即

$$\text{AEE}(\tilde{\boldsymbol{c}}^*) = \bar{c}^* = \frac{1}{B}\sum_{j=1}^B \bar{c}^{*j}$$

$$\tilde{\sigma}_{\bar{c}^*}^2 = \frac{1}{B-1}\sum_{j=1}^B (\bar{c}^{*j} - \bar{c}^*)^2 \tag{6.5}$$

由2.2节可知，均方根是标准差 $E\sqrt{\tilde{\boldsymbol{c}}^*\tilde{\boldsymbol{c}}^{*T}}$ 的最自然的有限样本近似，因此可用均方根误差近似替换标准差：

$$\text{RMSE}(\tilde{\boldsymbol{c}}^*) = \left[\frac{1}{B}\sum_{j=1}^B (\bar{c}^{*j})^2\right]^{1/2} \tag{6.6}$$

2. 几何平均误差度量

由2.2.1节可得几何平均误差度量指标：

$$\text{GAE}(\tilde{\boldsymbol{c}}^*) = \exp\left[\frac{1}{B}\sum_{j=1}^{B}(\ln\bar{c}^{*j})\right] \tag{6.7}$$

由文献[4]可知,几何平均误差既不受极大值影响,也不受极小值影响。但是,有时需关注极小值影响,从而定义调和平均误差。

3. 调和平均误差度量

将样本$\tilde{\boldsymbol{c}}^*$代入调和平均误差度量可得

$$\text{HAE}(\tilde{\boldsymbol{c}}^*) = \left[\frac{1}{B}\sum_{j=1}^{B}(\bar{c}^{*j})^{-1}\right]^{-1} \tag{6.8}$$

显然,调和平均误差度量比较适合回答命中与否的问题。

综上可知,RMSE 和 AEE 属于悲观的指标,因为它们注重空地导弹系统命中精度中差的落点值(离目标较远的值);与之相反的 HAE 关注空地导弹系统命中精度中好的落点值(离目标较近的值),因此属于乐观的指标。而 GAE 属于平衡指标,能够权衡空地导弹系统命中精度中好和差的落点值。此外,常用的误差中位数、误差众数和迭代中距误差指标也具备 GAE 指标的特点。

4. 误差中位数、误差众数和迭代中距误差度量

将样本$\tilde{\boldsymbol{c}}^*$代入误差中位数可得[209]

$$\text{ME}(\tilde{\boldsymbol{c}}^*) = \begin{cases} \bar{c}^{*B/2} & (B\text{ 为奇数}) \\ \dfrac{\bar{c}^{*B/2} + \bar{c}^{*(B+1)/2}}{2} & (B\text{ 为偶数}) \end{cases} \tag{6.9}$$

然而,误差众数 $\text{EMM}(\tilde{\boldsymbol{c}}^*)$ 通常情况下是样本$\tilde{\boldsymbol{c}}^*$中出现频率最大的值[253]。

进一步将样本$\tilde{\boldsymbol{c}}^*$代入迭代中距误差度量可得[6,36-37]

$$\text{IMRE}(\tilde{\boldsymbol{c}}^*) = \frac{\min(\tilde{\boldsymbol{c}}^*) + \max(\tilde{\boldsymbol{c}}^*)}{2} \tag{6.10}$$

5. 误差谱度量、区间误差谱度量和面积误差谱度量

将样本代入$\tilde{\boldsymbol{c}}^*$误差谱度量可得

$$\begin{aligned} S(r) &= (E[(\tilde{\boldsymbol{c}}^*)^r])^{1/r} = \int (\bar{c}^*)^r \mathrm{d}F(\bar{c}^*) \\ &= \begin{cases} \left(\int (\bar{c}^*)^r f(\bar{c}^*)\mathrm{d}\bar{c}^*\right)^{1/r} & (\tilde{\boldsymbol{c}}^*\text{ 为连续变量}) \\ \left(\sum \bar{c}_i^{*q} p_i\right)^{1/r} & (\tilde{\boldsymbol{c}}^*\text{ 为离散变量}) \end{cases} \end{aligned} \tag{6.11}$$

由式(6.11)进一步得到空地导弹系统命中精度的面积误差谱度量指标和区间误差谱度量指标：

$$\text{AES}(\tilde{\boldsymbol{c}}^*) = \int_{-1}^{2} S(r) \mathrm{d}r \approx \frac{r_m - r_1}{m} \sum_{i=1}^{m} S(r_i) \quad (6.12)$$

和

$$\text{RES}(\tilde{\boldsymbol{c}}^*) = (\text{RMSE}(\tilde{\boldsymbol{c}}^*) - \text{AEE}(\tilde{\boldsymbol{c}}^*)) \times \frac{1}{m} \sum_{i=1}^{m} (r_i - r_1) \quad (6.13)$$

由式(6.12)和式(6.13)可知，m 代表了空地导弹系统命中精度属性指标的个数。例如，当 $m=4$ 时，由 $r \in [-1,2]$ 可知，$\{r_i\}_{i=1}^{4} = \{-1,0,1,2\}$。也就是说在误差谱曲线中，这里仅考虑了 4 个点的信息，即用 HAE、GAE、AEE 和 RMSE 四个度量指标表征空地导弹系统命中精度的性能。显然，误差谱曲线中其他点的信息将会丢失，为了避免这个问题以及确定合理的 m 值，下面定义属性距离

$$D = \frac{r_m - r_1}{m} \quad (6.14)$$

在实际的评估中，可根据用户的要求合理地选定 m 值。后续的仿真验证中将会给出一种确定 m 值的方法。

上述空地导弹系统命中精度度量指标中，误差谱度量指标、面积误差谱度量指标和区间误差谱度量指标都能反映空地导弹系统命中精度性能的一方面，如何综合利用这些度量指标去评估空地导弹命中精度非常重要。本章基于文献[102,210]的理论与方法提出一种新的空地导弹系统命中精度评估方法。

6.2.3 空地导弹系统命中精度属性矩阵

假设有 N 组试验数据 $\{(\boldsymbol{X}_j, \boldsymbol{Z}_j)\}_{j=1}^{N}$，其中 $(\boldsymbol{X}_j, \boldsymbol{Z}_j) = \{(x_i, z_i)\}_{i=1}^{n}$，这 N 组试验数据可以是同一类型空地导弹的试验数据，也可以是不同类型空地导弹的试验数据。对每一组试验数据进行预处理后得到相对距离误差 $\tilde{c}_k^* = (\tilde{c}^{*1}, \tilde{c}^{*2}, \cdots, \tilde{c}^{*B})$。将 $\{\tilde{c}_k^*\}_{k=1}^{N}$ 代入空地导弹系统命中精度度量指标，从而得到空地导弹系统命中精度属性矩阵：

$$A^{\mathrm{MHA}} = \begin{bmatrix} S_0(r_m=2)=\mathrm{RMSE}_0 & S_1(r_m=2)=\mathrm{RMSE}_1 & \cdots & S_n(r_m=2)=\mathrm{RMSE}_N \\ \vdots & \vdots & & \vdots \\ S_0(r_p=1)=\mathrm{AEE}_0 & S_1(r_p=1)=\mathrm{AEE}_1 & \cdots & S_n(r_p=1)=\mathrm{AEE}_N \\ \vdots & \vdots & & \vdots \\ S_0(r_q=0)=\mathrm{GAE}_0 & S_1(r_q=0)=\mathrm{GAE}_1 & \cdots & S_n(r_q=0)=\mathrm{GAE}_N \\ \vdots & \vdots & & \vdots \\ S_0(r_1=-1)=\mathrm{HAE}_0 & S_1(r_1=-1)=\mathrm{HAE}_1 & \cdots & S_n(r_1=-1)=\mathrm{HAE}_N \\ \mathrm{ME}_0 & \mathrm{ME}_1 & \cdots & \mathrm{ME}_N \\ \mathrm{EMM}_0 & \mathrm{EMM}_1 & \cdots & \mathrm{EMM}_N \\ \mathrm{IMRE}_0 & \mathrm{IMRE}_1 & \cdots & \mathrm{IMRE}_N \\ \mathrm{AES}_0 & \mathrm{AES}_1 & \cdots & \mathrm{AES}_N \\ \mathrm{RES}_0 & \mathrm{RES}_1 & \cdots & \mathrm{RES}_N \end{bmatrix}$$

(6.15)

式中:A^{MHA}为$(m+5)\times(N+1)$的矩阵;当N组试验数据是为了评估同一类型空地导弹的命中精度性能时,第一行表征空地导弹在设计前需求方给供求方提的战术技术指标,即理论上期望达到的命中精度要求,其数据来源通常为仿真数据或半实物仿真数据[206-208]。当试验数据为不同类型空地导弹的命中精度试验数据时,式(6.15)表示$N+1$组导弹试验数据。显然,空地导弹系统命中精度属性矩阵至少包含两列,对于同一类空地导弹,则是期望数据和试验数据。对不同类型的空地导弹,则是两型空地导弹系统命中精度的性能比较。

为了挖掘空地导弹系统命中精度属性矩阵中的信息,根据文献[102,211-214]中的方法,让空地导弹系统命中精度属性矩阵中的任意两列中对应的元素比较,并将比较结果存入另一矩阵中,本章称为空地导弹系统命中精度属性竞争矩阵,下面对此矩阵性能进行深入分析。

6.2.4 空地导弹系统命中精度属性竞争矩阵

根据A^{MHA},让其第j列与第k列中对应的元素相互比较,记$m_{\mathrm{MHAC}}(j,k;A^{\mathrm{MHA}}_{i(j,k)})$为第$j$列与第$k$列中第$i$个空地导弹系统命中精度度量指标比较的结果,则

$$m_{\text{MHAC}}(j,k;A_{i(j,k)}^{\text{MHA}}) = \begin{cases} 1 & (A_{ij}^{\text{MHA}} > A_{ik}^{\text{MHA}}) \\ 0.5 & (A_{ij}^{\text{MHA}} = A_{ik}^{\text{MHA}}) \\ 0 & (A_{ij}^{\text{MHA}} < A_{ik}^{\text{MHA}}) \end{cases} \quad (6.16)$$

式中:A_{ij}^{MHA}为第j列中第i个空地导弹系统命中精度度量指标;A_{ik}^{MHA}为第k列中第i个空地导弹系统命中精度度量指标。

进一步计算得到第j列与第k列中所有的空地导弹系统命中精度度量指标$A_{(1,2,\cdots,m+5)(j,k)}^{\text{MHA}}$的比较结果,即

$$M_{\text{MHAC}}(j,k;A_{(1,2,\cdots,m+5)(j,k)}^{\text{MHA}}) = \frac{1}{m+5}\sum_{i=1}^{m+5} m_{\text{MHAC}}(j,k;A_{i(j,k)}^{\text{MHA}}) \quad (6.17)$$

式中:当$M_{\text{MHAC}}(j,k;A_{(1,2,\cdots,m+5)(j,k)}^{\text{MHA}})>0.5$时,则第$j$列导弹的命中精度比第$k$列导弹的命中精度高。此外,$M_{\text{MHAC}}(j,k;A_{(1,2,\cdots,m+5)(j,k)}^{\text{MHA}})$还满足:

$$M_{\text{MHAC}}(j,k;A_{(1,2,\cdots,m+5)(j,k)}^{\text{MHA}}) + M_{\text{MHAC}}(k,j;A_{(1,2,\cdots,m+5)(j,k)}^{\text{MHA}}) = 1 \quad (6.18)$$

其中:当$j=k$时,$M_{\text{MHAC}}(j,k;A_{(1,2,\cdots,m+5)(j,k)}^{\text{MHA}})=0.5$,表示导弹与自身比较的结果。

根据式(6.15)~式(6.17),整理A^{MHA}中所有列之间的比较结果可得空地导弹系统命中精度属性竞争矩阵:

$$X_{\text{MHAC}} = \begin{bmatrix} M_{\text{MHAC}}(1,1;A_{1(1,1)}^{\text{MHA}}) & \cdots & M_{\text{MHAC}}(1,N+1;A_{1(1,N+1)}^{\text{MHA}}) \\ \vdots & & \vdots \\ M_{\text{MHAC}}(N+1,1;A_{(N+1)(N+1,1)}^{\text{MHA}}) & \cdots & M_{\text{MHAC}}(N+1,N+1;A_{(N+1)(N+1,N+1)}^{\text{MHA}}) \end{bmatrix}$$

(6.19)

为得到唯一的评估结果,对X_{MHAC}矩阵作如下处理。当$M_{\text{MHAC}}(j,k;A_{(1,2,\cdots,m+5)(j,k)}^{\text{MHA}})=0$时,令$M_{\text{MHAC}}(j,k;A_{(1,2,\cdots,m+5)(j,k)}^{\text{MHA}})=0.00001$,则$X_{\text{MHAC}}$矩阵为正矩阵。

根据PF理论[210,215-216],正矩阵则存在唯一的特征向量:

$$X_{\text{MHAC}} \cdot \text{Eig}_{1\times(N+1)} = \lambda \cdot \text{Eig}_{1\times(N+1)} \quad (6.20)$$

式中:λ为矩阵X_{MHAC}的谱半径;$\text{Eig}_{1\times(N+1)}$为$X_{\text{MHAC}}$的特征向量。由文献[48]可知,特征向量元素对应列的大小反映了相应空地导弹系统命中精度的高低。因此,通过求解空地导弹命中精度属性竞争矩阵的特征向量,并比较其

特征值的大小,就能比较空地导弹系统命中精度的高低。具体如下:

(1)对于同一类型的空地导弹,特征向量$\text{Eig}_{1\times(N+1)}$中任意的两列$p\neq q$($p,q\in\{1,2,\cdots,N+1\}$),如果$\text{Eig}_{1\times(N+1)}(p)>\text{Eig}_{1\times(N+1)}(q)$,则第$p$次试验的空地导弹比第$q$次试验的空地导弹命中精度高。如果$\text{Eig}_{1\times(N+1)}(p)<\text{Eig}_{1\times(N+1)}(q)$,则认为后者比前者的命中精度高。而当$\text{Eig}_{1\times(N+1)}(p)=\text{Eig}_{1\times(N+1)}(q)$时,则认为二者命中精度不相上下。特别地,当$\text{Eig}_{1\times(N+1)}(p)>\text{Eig}_{1\times(N+1)}(1)$时,则认为第$p$次测试的空地导弹命中精度满足设计要求,因为$\text{Eig}_{1\times(N+1)}(1)$表示的是理论上期望的空地导弹命中精度。

(2)对于不同类型的空地导弹,如果$\text{Eig}_{1\times(N+1)}(p)>\text{Eig}_{1\times(N+1)}(q)$,则第$p$型空地导弹比第$q$型空地导弹的命中精度高;而如果$\text{Eig}_{1\times(N+1)}(p)<\text{Eig}_{1\times(N+1)}(q)$,则第$q$型空地导弹的命中精度比第$p$型空地导弹的命中精度高;当$\text{Eig}_{1\times(N+1)}(p)=\text{Eig}_{1\times(N+1)}(q)$时,则认为二者命中精度不相上下。

综上所述,得到基于误差谱的空地导弹系统命中精度评估方法的主要步骤:

步骤1 数据预处理:将空地导弹试验的数据进行扩容后,再转化成相对距离误差$\tilde{\boldsymbol{c}}^*=\{\bar{c}^{*j}\}_{j=1}^B$。通常情况下,令属性距离$D=0.75$,然后通过仿真的方法进一步确定属性距离。

步骤2 将数据$\tilde{\boldsymbol{c}}^*=\{\bar{c}^{*j}\}_{j=1}^B$代入误差谱、区间误差谱和面积误差谱度量指标中,整理计算结果得到空地导弹系统命中精度属性矩阵$\boldsymbol{A}^{\text{MHA}}$。

步骤3 根据式(6.16)~式(6.19)得到空地导弹系统命中精度属性竞争矩阵$\boldsymbol{X}_{\text{MHAC}}$。

步骤4 计算空地导弹系统命中精度属性矩阵的特征向量$\text{Eig}_{1\times(N+1)}$。

步骤5 根据特征向量$\text{Eig}_{1\times(N+1)}$,给出最终的评估结果。

下面通过仿真验证上述空地导弹命中精度评估方法的正确性和有效性。

6.2.5 仿真验证

假设在设计导弹之前进行了大量的仿真试验,得到大量的仿真数据。令仿真数据为$(\boldsymbol{X}^s,\boldsymbol{Z}^s)=[(x_1^s,z_1^s),(x_2^s,z_2^s),\cdots,(x_{n_s}^s,z_{n_s}^s)]$,$n_s$表示仿真的次数,满足$n_s\geqslant 1000$。本节假设仿真数据服从二维正态分布,其中该二维正态分布的均值为$\boldsymbol{\mu}=[\mu_x,\mu_z]$,协方差为

$$\boldsymbol{\Sigma}=\begin{bmatrix}\sigma_x^2 & \sigma_x\sigma_z\rho_{(X^s,Z^s)}\\\sigma_x\sigma_z\rho_{(X^s,Z^s)} & \sigma_z^2\end{bmatrix}$$

式中：(μ_x,σ_x^2) 为 X 方向上的均值 μ_x 和方差 σ_x^2；(μ_z,σ_z^2) 为 Z 方向上的均值 μ_z 和方差 σ_z^2；$\rho_{(X^s,Z^s)}$ 为 X^s 与 Z^s 的相关系数。

此外，假设目标的位置为 $(x_0,z_0)=(0,0)$，为评估某型空地导弹系统命中精度，进行了 10 次打靶试验。假设这 10 次打靶服从二维正态分布，分布参数如表 6.1 所列。假设通过试验发现该型空地导弹系统命中精度不满足设计要求，又采用两种不同的技术进行改进，对改进的导弹进行了第二次和第三次打靶试验，试验次数分别为 12 次和 15 次，仍服从二维正态分布，分布参数如表 6.1 所示。

表 6.1 3 次试验服从的二维正态分布参数

试验名称	试验次数	均值	方差
T_1	10	$\boldsymbol{\mu}_1=[4,4]$	$\boldsymbol{\Sigma}_1=\begin{bmatrix}6 & 1\\1 & 7\end{bmatrix}$
T_2	12	$\boldsymbol{\mu}_1=[2,5]$	$\boldsymbol{\Sigma}_2=\begin{bmatrix}5 & 1\\1 & 9\end{bmatrix}$
T_3	15	$\boldsymbol{\mu}_1=[3,3]$	$\boldsymbol{\Sigma}_3=\begin{bmatrix}3 & 1\\1 & 8\end{bmatrix}$

根据表 6.1 中的分布参数，利用计算机对每组数据按试验次数随机生成模拟的试验数据，如图 6.1 所示。

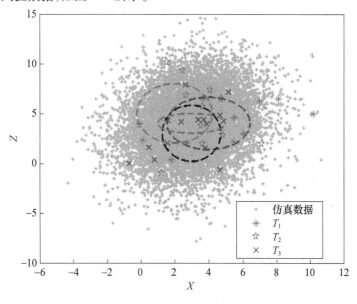

图 6.1 随机产生的 3 组原始数据

进一步根据上述随机产生的模拟数据,利用重采样方法,分别得到 3 组数据扩容后的相对距离误差:

$$\begin{cases} \tilde{c}^{1*} = (\bar{c}_1^{1*}, \bar{c}_2^{1*}, \cdots, \bar{c}_B^{1*}) \\ \tilde{c}^{2*} = (\bar{c}_1^{2*}, \bar{c}_2^{2*}, \cdots, \bar{c}_B^{2*}) \\ \tilde{c}^{3*} = (\bar{c}_1^{3*}, \bar{c}_2^{3*}, \cdots, \bar{c}_B^{3*}) \end{cases} \quad (6.21)$$

为了说明基于相关系数的 Bootstrap 重采样(New Bootstrap)在每一次采样中利用了更多的原始样本信息,下面分别给出 3 组数据的一次 New Bootstrap 重采样和 Bootstrap 重采样,如图 6.2 所示。

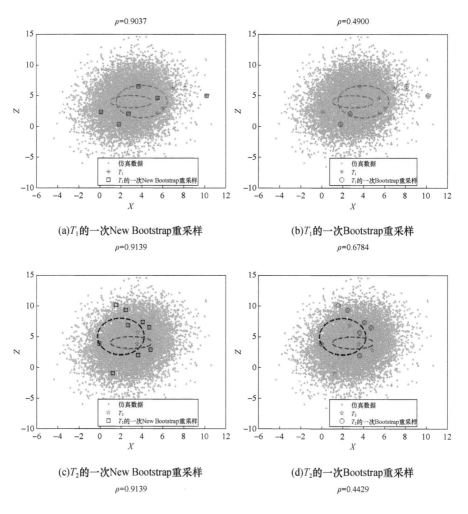

(a)T_1的一次New Bootstrap重采样　　(b)T_1的一次Bootstrap重采样

(c)T_2的一次New Bootstrap重采样　　(d)T_2的一次Bootstrap重采样

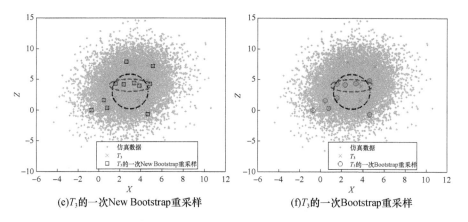

(e)T_3的一次New Bootstrap重采样　　　　　(f)T_3的一次Bootstrap重采样

图 6.2　3 组数据的一次 New Bootstrap 和 Bootstrap 重采样

基于上述两种重采样方法,仿真 1000 次得到扩容后的样本,如图 6.3 所示。

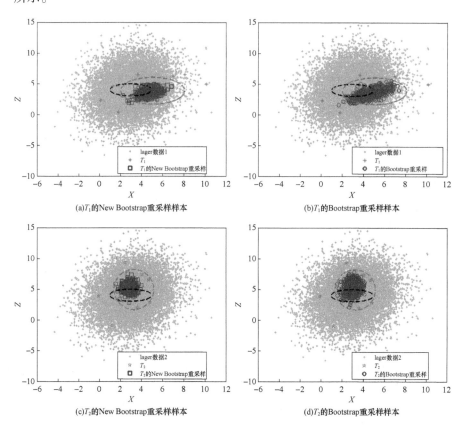

(a)T_1的New Bootstrap重采样样本　　　　　(b)T_1的Bootstrap重采样样本

(c)T_2的New Bootstrap重采样样本　　　　　(d)T_2的Bootstrap重采样样本

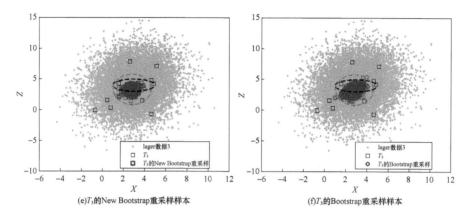

图 6.3　3 组数据的 1000 个 New Bootstrap 和 Bootstrap 重采样样本

如图 6.3(a)、(b)所示，在 T_1 中 New Bootstrap 重采样样本使用了原始信息的 60%(10 个中的 6 个)；然而 Bootstrap 重采样样本仅利用了原始信息的 40%(10 个中的 4 个)。同理，如图 6.3(c)~(f)所示，在 T_2 和 T_3 中 New Bootstrap 重采样样本分别利用了原始信息的 75%(12 个中的 9 个)和 73.3%(15 个中的 11 个)，然而 Bootstrap 重采样样本分别利用了原始信息的 58%(12 个中的 7 个)和 60%(15 个中的 9 个)。显然，New Bootstrap 重采样样本比 Bootstrap 重采样样本包含了更多的原始样本信息。

如图 6.3 所示，基于 New Bootstrap 重采样样本方差较小，因为它相比于 Bootstrap 重采样样本更加集中。导致上述结果的原因是每次 New Bootstrap 重采样都利用了更多原始信息。然而 Bootstrap 重采样样本每次都是随机产生的，因此无法保证每一次样本都尽可能地使用原始样本信息。

得到扩容后的样本之后，下面给出确定属性距离的方法。首先取 $D = 0.75$，则空地导弹系统命中精度属性矩阵为

$$A^{\text{MHA}} = \begin{bmatrix} S_0 = \text{RMSE}_0 & S_1 = \text{RMSE}_1 & S_2 = \text{RMSE}_2 & S_3 = \text{RMSE}_3 \\ S_0 = \text{AEE}_0 & S_1 = \text{AEE}_1 & S_2 = \text{AEE}_2 & S_3 = \text{AEE}_3 \\ S_0 = \text{GAE}_0 & S_1 = \text{GAE}_1 & S_1 = \text{GAE}_2 & S_3 = \text{GAE}_3 \\ S_0 = \text{HAE}_0 & S_1 = \text{HAE}_1 & S_1 = \text{HAE}_2 & S_3 = \text{HAE}_3 \\ \text{ME}_0 & \text{ME}_1 & \text{ME}_2 & \text{ME}_3 \\ \text{EMM}_0 & \text{EMM}_1 & \text{EMM}_2 & \text{EMM}_3 \\ \text{IMRE}_0 & \text{IMRE}_1 & \text{IMRE}_2 & \text{IMRE}_3 \\ \text{AES}_0 & \text{AES}_1 & \text{AES}_2 & \text{AES}_3 \\ \text{RES}_0 & \text{RES}_1 & \text{RES}_2 & \text{RES}_3 \end{bmatrix} \quad (6.22)$$

显然,空地导弹系统命中精度属性矩阵中仅使用了 HAE、GAE、AEE 和 RMSE,即误差谱曲线上的 4 个特殊的点。这样会导致许多很有用的信息丢失。因此,确定一个合理的属性距离对于评估结果非常重要。

根据上述评估方法,空地导弹系统命中精度属性竞争矩阵 X_{MHAC} 的特征向量完全由该矩阵内的元素决定。而空地导弹系统命中精度属性矩阵 A^{MHA} 决定空地导弹系统命中精度属性竞争矩阵 X_{MHAC} 中元素的值。因此,当空地导弹系统命中精度属性竞争矩阵 X_{MHAC} 中元素的值稳定后,其特征向量则趋于稳定,从而获得稳定的评估结果。下面以空地导弹系统命中精度属性竞争矩阵 X_{MHAC} 中的任意元素为例,仿真研究该元素稳定后对应的属性距离 D。如图 6.4 所示,不同的属性距离 D 对应不同的 $M_{MHAC}(1,2;$ $A^{MHA}_{(1,2,\cdots,m+5)(1,2)})$。随着属性距离的减少,$M_{MHAC}(1,2;A^{MHA}_{(1,2,\cdots,m+5)(1,2)})$ 逐渐趋于稳定。根据式(6.17),得到 $M_{MHAC}(1,2;A^{MHA}_{(1,2,\cdots,m+5)(1,2)})$ 随 m 变化的曲线。同时,计算不同的属性距离时计算机的计算时间(计算机的配置为:处理器 Intel(R) Core(TM)i3-2120;CPU3.30GHz;内存 2.0GB;32 位操作系统)。

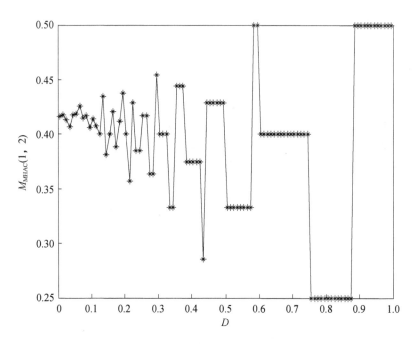

图 6.4　不同的属性距离 D 对应的 $M_{MHAC}(1,2;A^{MHA}_{(1,2,\cdots,m+5)(1,2)})$

由图 6.5 和图 6.6 可知,当 $D \in [0.2, 1]$ 时,与此同时 $m \in [3, 15]$,$M_{\mathrm{MHAC}}(1, 2; A_{(1,2,\cdots,m+5)(1,2)}^{\mathrm{MHA}}) \in [0.2, 0.5]$;但是当 $D \in [0.005, 0.2]$,与此同时 $m \in [15, 600]$ 时,可得 $M_{\mathrm{MHAC}}(1, 2; A_{(1,2,\cdots,m+5)(1,2)}^{\mathrm{MHA}}) \in [0.35, 0.4]$。进一步可知,当 $D = 0.005$ 时,可见 $M_{\mathrm{MHAC}}(1, 2; A_{(1,2,\cdots,m+5)(1,2)}^{\mathrm{MHA}})$ 趋于稳定,并且由图 6.6 可知,当 $D = 0.005$ 时,计算时间 $t = 4.2\mathrm{s}$,可以接受。因此本节的属性距离选为 $D = 0.005$。

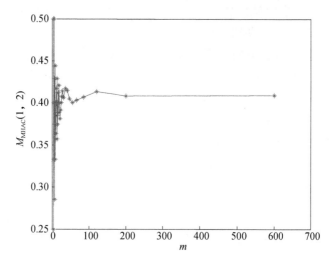

图 6.5　不同的 m 对应的 $M_{\mathrm{MHAC}}(1, 2; A_{(1,2,\cdots,m+5)(1,2)}^{\mathrm{MHA}})$

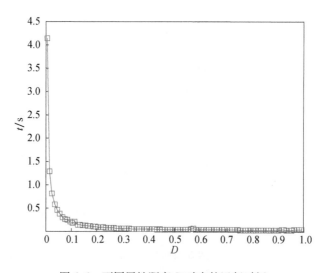

图 6.6　不同属性距离 D 对应的运行时间

第6章 基于误差谱的空地导弹系统命中精度评估

确定完属性距离后,将扩容后的样本 $\tilde{c}^{1*}$,$\tilde{c}^{2*}$ 和 $\tilde{c}^{3*}$ 分别依次代入误差谱度量、区间误差谱度量和面积误差谱度量后,得到空地导弹系统命中精度属性矩阵:

$$A^{\text{MHA}} = \begin{bmatrix} \text{RMSE}_0 = 6.1854 & \text{RMSE}_1 = 6.0038 & \text{RMSE}_2 = 6.0618 & \text{RMSE}_3 = 4.3320 \\ \vdots & \vdots & \vdots & \vdots \\ \text{AEE}_0 = 5.6106 & \text{AEE}_1 = 5.9678 & \text{AEE}_2 = 6.0410 & \text{AEE}_3 = 4.3094 \\ \vdots & \vdots & \vdots & \vdots \\ \text{GAE}_0 = 4.9187 & \text{GAE}_1 = 5.9321 & \text{GAE}_2 = 6.0208 & \text{GAE}_3 = 4.2872 \\ \vdots & \vdots & \vdots & \vdots \\ \text{HAE}_0 = 3.9867 & \text{HAE}_1 = 5.8966 & \text{HAE}_2 = 6.0014 & \text{HAE}_3 = 4.2656 \\ \text{ME}_0 = 5.4744 & \text{ME}_1 = 5.9868 & \text{ME}_2 = 6.0449 & \text{ME}_3 = 4.3293 \\ \text{EMM}_0 = 5.3733 & \text{EMM}_1 = 6.0728 & \text{EMM}_2 = 6.1356 & \text{EMM}_3 = 4.4429 \\ \text{IMRE}_0 = 5.6047 & \text{IMRE}_1 = 5.9729 & \text{IMRE}_2 = 6.0416 & \text{IMRE}_3 = 4.3121 \\ \text{AES}_0 = 15.7422 & \text{AES}_1 = 17.8540 & \text{AES}_2 = 18.0955 & \text{AES}_3 = 12.8978 \\ \text{RES}_0 = 3.2981 & \text{RES}_1 = 0.1607 & \text{RES}_2 = 0.0906 & \text{RES}_3 = 0.0995 \end{bmatrix} \quad (6.23)$$

进一步根据式(6.16)~式(6.19)得到空地导弹命中精度属性竞争矩阵:

$$X_{\text{MHAC}}^{\text{NB}} = \begin{bmatrix} 0.5000 & 0.8725 & 0.9118 & 0.0850 \\ 0.1275 & 0.5000 & 0.9967 & 0.0000 \\ 0.0882 & 0.0033 & 0.5000 & 0.0033 \\ 0.9150 & 1.0000 & 0.9967 & 0.5000 \end{bmatrix} \quad (6.24)$$

将矩阵中的零元素用较小的值代得[103]

$$X_{\text{MHAC}}^{\text{NB}} = \begin{bmatrix} 0.5000 & 0.8725 & 0.9118 & 0.0850 \\ 0.1275 & 0.5000 & 0.9967 & 0.0001 \\ 0.0882 & 0.0033 & 0.5000 & 0.0033 \\ 0.9150 & 0.9999 & 0.9967 & 0.5000 \end{bmatrix} \quad (6.25)$$

计算式(6.25)的特征向量,得

$$\text{ERV}_{\text{MHAC}}^{\text{NB}} = [0.2715 \quad 0.1453 \quad 0.0520 \quad 0.5312] \quad (6.26)$$

同理,将用 Bootstrap 重采样的扩容样本代入对应的误差谱度量,然后根据式(6.15)~式(6.20),可得基于 Bootstrap 重采样样本的特征向量为

$$\mathrm{ERV}_{\mathrm{MHAC}}^{B} = \begin{bmatrix} 0.2500 & 0.1576 & 0.0366 & 0.5558 \end{bmatrix} \quad (6.27)$$

由式(6.26)可知,3 组试验数据及仿真数据对应的特征值由大到小的排序结果为

$$T_3 = 0.5312 > \text{desired} = 0.2715 > T_2 = 0.1453 > T_1 = 0.0520$$
$$(6.28)$$

同理,由式(6.27)可知,4 组数据对应的特征值由大到小的排序结果为

$$T_3 = 0.5558 > \text{desired} = 0.2500 > T_2 = 0.1576 > T_1 = 0.0366$$
$$(6.29)$$

综合式(6.28)和式(6.29)可得 3 组试验数据以及仿真数据对应空地导弹的命中精度从高到低的顺序为

$$M_{T_3} > M_{\text{desired}} > M_{T_2} > M_{T_1} \quad (6.30)$$

可见,第三组试验数据表明:采用改进技术后,空地导弹系统的命中精度满足设计要求。而第一组和第二组试验数据表明,空地导弹系统的命中精度不满足设计要求,并且第二组试验还说明其采用的改进技术无法达到设计要求。

此外,当上述 4 组数据为不同类型的空地导弹时,可得这 4 型导弹系统命中精度从高到低的顺序为

$$M_{T_3} > M_{\text{desired}} > M_{T_2} > M_{T_1} \quad (6.31)$$

仿真研究表明:基于误差谱的空地导弹系统命中精度评估方法不仅能够评估同一类型空地导弹的命中精度,而且能评估不同类型空地导弹的命中精度。

实际中,空地导弹导航精度对于空地导弹系统命中精度影响非常大,因此在完成空地导弹系统命中精度的评估后,类似地,下面提出基于增强误差谱的空地导弹系统导航精度评估方法。

6.3 本章小结

本章提出了一种基于误差谱的空地导弹命中精度评估方法。首先深入分析了空地导弹系统的组成结构,建立了导弹系统性能评估的指标体系。仿真研究表明:

(1)该方法基于相关系数的 Bootstrap 重采样方法对获得的导弹试验数

据进行扩容,扩容后的样本尽可能地包含了原始信息。

(2)基于误差谱度量方法得到的导弹系统命中精度属性矩阵最大限度地表征了导弹系统命中精度的性能。

(3)基于 PF 理论的排序法简单、高效及正确地给出了评估结果。

第7章　基于增强误差谱的空地导弹系统导航精度评估

7.1　引　言

空地导弹制导系统是准确控制和导引导弹飞向目标的仪器设备和装置。中远程空地导弹制导精度包括导航精度和末制导精度。导航精度是指空地导弹实际弹道相对于真实或理想弹道的偏差。空地导弹导航精度评估首先需要建立制导系统的工具误差模型。然而不同的制导系统，制导系统的工具误差模型也不一样。目前，大多数中远程空地导弹采用的是惯性制导系统。惯性制导系统分为平台惯导系统(PINS)和捷联惯导系统(SINS)。其中 PINS 将惯性测量装置直接安装在惯性平台上，可直接建立导航坐标系。该系统拥有计算量小、易于补偿和修正的特点，但缺点是结构复杂、体积大和成本高。SINS 将惯性加速度表和陀螺仪直接固连在载体或弹体上，通过计算机计算导航所需的信息。SINS 的最大特点是体积小、重量轻、成本低和便于安装，这使得 SINS 成为惯导系统的主要发展方向。SINS 的导航原理如图 7.1 所示。

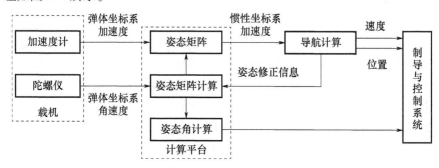

图 7.1　SINS 导航原理图

7.2 捷联惯导系统工具误差分析

根据 SINS 导航的原理,可得惯性加速度表测得的视加速度 $\dot{W}$、绝对加速度 a_A 和引力加速度 g 三者的关系为

$$a_A = \dot{W} + g \tag{7.1}$$

由文献[217]可知,制导系统误差主要包括制导总误差 ΔX_Z、制导方法误差 ΔX_F 和制导工具误差 ΔX_G。这3种制导误差的计算公式为

$$\begin{cases} \Delta X_Z = X_W - X_L \\ \Delta X_F = X_Y - X_L \\ \Delta X_G = X_W - X_Y \end{cases} \tag{7.2}$$

式中:X_L 为空地导弹理想弹道参数向量;X_W 为空地导弹实际外测参数向量;X_Y 为空地导弹遥测参数向量。

对于空地导弹而言,制导工具误差导致的射击偏差占总偏差的80%,因此对导航系统的误差进行补偿和修正时,常常分析制导系统的工具误差即可。

一般情况下,制导系统的工具误差模型为

$$\Delta X_G = SC + \xi \tag{7.3}$$

式中:C 为制导工具误差向量或者惯性组合误差项列矩阵;S 为系数矩阵或环境函数;ξ 为随机误差向量。

7.2.1 坐标转换矩阵

导航计算前,需要进行坐标转换。本章坐标系的定义与文献[217]定义的坐标系一致。惯性坐标系的定义为:原点 O_d 为发射台中心在地面的投影点;$O_d x_d$ 轴位于过原点 O_d 的水平面内,由原点 O_d 指向导弹射击瞄准方向;$O_d y_d$ 轴取过原点 O_d 的铅垂线,取向上为正;$O_d z_d$ 轴满足右手准则。假设描述惯性坐标系和弹体坐标系之间的3个姿态角分别为俯仰角 ϑ、偏航角 φ 和滚转角 γ,则惯性坐标系 $O_d x_d y_d z_d$ 到弹体坐标系 $O_t x_t y_t z_t$ 的转换矩阵为

$$L_{gt} = \begin{bmatrix} 1 & 0 & 0 \\ 0 & \cos\gamma & \sin\gamma \\ 0 & -\sin\gamma & \cos\gamma \end{bmatrix} \begin{bmatrix} \cos\varphi & 0 & -\sin\varphi \\ 0 & 1 & 0 \\ \sin\varphi & 0 & \cos\varphi \end{bmatrix} \begin{bmatrix} \cos\vartheta & \sin\vartheta & 0 \\ -\sin\vartheta & \cos\vartheta & 0 \\ 0 & 0 & 1 \end{bmatrix} \tag{7.4}$$

因此，将弹体坐标系 $O_t x_t y_t z_t$ 转换到惯性坐标系 $O_d x_d y_d z_d$ 的转换矩阵为

$$A = \begin{bmatrix} \cos\vartheta & -\sin\vartheta & 0 \\ \sin\vartheta & \cos\vartheta & 0 \\ 0 & 0 & 1 \end{bmatrix} \begin{bmatrix} \cos\varphi & 0 & \sin\varphi \\ 0 & 1 & 0 \\ -\sin\varphi & 0 & \cos\varphi \end{bmatrix} \begin{bmatrix} 1 & 0 & 0 \\ 0 & \cos\gamma & -\sin\gamma \\ 0 & \sin\gamma & \cos\gamma \end{bmatrix}$$

(7.5)

根据式(7.5)可得，弹体坐标系中的参数转换到惯性坐标系的公式为

$$X_g = A X_t \tag{7.6}$$

式中：X_g 为转化后惯性坐标系的参数；X_t 为转化前弹体坐标系的参数。

进一步假设 t_n 时刻加速度表输出的视加速度为 $\dot{W}_t$，则转换至惯性坐标系后记为 $\dot{W}_g$，并满足

$$\dot{W}_g = \begin{bmatrix} \cos\vartheta & -\sin\vartheta & 0 \\ \sin\vartheta & \cos\vartheta & 0 \\ 0 & 0 & 1 \end{bmatrix} \begin{bmatrix} \cos\varphi & 0 & \sin\varphi \\ 0 & 1 & 0 \\ -\sin\varphi & 0 & \cos\varphi \end{bmatrix} \begin{bmatrix} 1 & 0 & 0 \\ 0 & \cos\gamma & -\sin\gamma \\ 0 & \sin\gamma & \cos\gamma \end{bmatrix} \dot{W}_t = A_n \dot{W}_t$$

(7.7)

式中：A_n 为 t_n 时刻弹体坐标系到惯性坐标系的转换矩阵。

因此，将 t_n 时刻分成 n 个时间段后，A_n 可变成为

$$\begin{cases} A_n = f_0 \cdot (f_1 \cdot f_2 \cdots f_n) = \prod_{i=0}^{n} f_i = f_0 B_n \\ B_n = B_{n-1} f_n \end{cases} \tag{7.8}$$

式中：B_0 为单位阵；f_0 为导航开始计算前弹体坐标系转换到惯性坐标系的转换矩阵；n 满足 $n=1,2,\cdots$。

此外，f_n 为时刻 t_n 到时刻 t_{n-1} 弹体坐标系至惯性坐标系的转换矩阵，即

$$f_n = \begin{bmatrix} \cos\vartheta_n & -\sin\vartheta_n & 0 \\ \sin\vartheta_n & \cos\vartheta_n & 0 \\ 0 & 0 & 1 \end{bmatrix} \begin{bmatrix} \cos\varphi_n & 0 & \sin\varphi_n \\ 0 & 1 & 0 \\ -\sin\varphi_n & 0 & \cos\varphi_n \end{bmatrix} \begin{bmatrix} 1 & 0 & 0 \\ 0 & \cos\gamma_n & -\sin\gamma_n \\ 0 & \sin\gamma_n & \cos\gamma_n \end{bmatrix}$$

(7.9)

式中：$\vartheta_n, \varphi_n, \gamma_n$ 为时刻 t_n 到时刻 t_{n-1} 对应的姿态角。

7.2.2 姿态角计算

一般情况下，姿态角变化率与弹体轴角速率满足

$$\begin{bmatrix} \omega_x \\ \omega_y \\ \omega_z \end{bmatrix} = \begin{bmatrix} \dot{\gamma} \\ 0 \\ 0 \end{bmatrix} + \begin{bmatrix} 1 & 0 & 0 \\ 0 & \cos\gamma & -\sin\gamma \\ 0 & \sin\gamma & \cos\gamma \end{bmatrix} \begin{bmatrix} 0 \\ \dot{\varphi} \\ 0 \end{bmatrix}$$

$$+ \begin{bmatrix} 1 & 0 & 0 \\ 0 & \cos\gamma & -\sin\gamma \\ 0 & \sin\gamma & \cos\gamma \end{bmatrix} \begin{bmatrix} \cos\varphi & 0 & \sin\varphi \\ 0 & 1 & 0 \\ -\sin\varphi & 0 & \cos\varphi \end{bmatrix} \begin{bmatrix} 0 \\ 0 \\ \dot{\vartheta} \end{bmatrix} \quad (7.10)$$

整理,得

$$\begin{cases} \dot{\vartheta} = (\omega_y \sin\gamma + \omega_z \cos\gamma)/\cos\varphi \\ \dot{\varphi} = \omega_y \cos\gamma - \omega_z \sin\gamma \\ \dot{\gamma} = \omega_x + (\omega_y \sin\gamma + \omega_z \cos\gamma)\tan\varphi \end{cases} \quad (7.11)$$

记采样时间 $T = t_n - t_{n-1}$,令 $\Delta\boldsymbol{\theta} = [\Delta\theta_x, \Delta\theta_y, \Delta\theta_z]^T$,由式(7.11),得

$$\begin{cases} \vartheta_n = (\Delta\theta_y \sin\gamma_n + \Delta\theta_z \cos\gamma_n)/\cos\varphi_n \\ \varphi_n = \Delta\theta_y \cos\gamma_n - \Delta\theta_z \sin\gamma_n \\ \gamma_n = \Delta\theta_x + (\Delta\theta_y \sin\gamma_n + \Delta\theta_z \cos\gamma_n)\tan\varphi_n \end{cases} \quad (7.12)$$

假设导弹做小偏差飞行,即 $\Delta\theta_y, \Delta\theta_z$ 很小,故式(7.12)简化为

$$\begin{cases} \vartheta_n = \Delta\theta_z + \dfrac{(\Delta\theta_x + \Delta\theta_y \Delta\theta_z)}{1 + \Delta\theta_z^2 - \Delta\theta_y^2}\Delta\theta_y \\ \varphi_n = \Delta\theta_y - \dfrac{(\Delta\theta_x + \Delta\theta_y \Delta\theta_z)}{1 + \Delta\theta_z^2 - \Delta\theta_y^2}\Delta\theta_z \\ \gamma_n = \dfrac{(\Delta\theta_x + \Delta\theta_y \Delta\theta_z)}{1 + \Delta\theta_z^2 - \Delta\theta_y^2} \end{cases} \quad (7.13)$$

又因为 $\Delta\theta_z$ 的量级为 10^{-3},并且满足

$$\begin{cases} \Delta\theta_x \ll \Delta\theta_z \\ \Delta\theta_y \ll \Delta\theta_z \end{cases} \quad (7.14)$$

因此式(7.13)进一步可简化为

$$\begin{cases} \vartheta_n = \Delta\theta_z \\ \varphi_n = \Delta\theta_y - \Delta\theta_x \Delta\theta_z \\ \gamma_n = \Delta\theta_x + \Delta\theta_y \Delta\theta_z \end{cases} \quad (7.15)$$

将式(7.15)对 $\Delta\boldsymbol{\theta}$ 求导,得

$$\begin{cases} \dfrac{\partial \vartheta_n}{\partial (\Delta\boldsymbol{\theta})} = (0 \quad 0 \quad 1) \\ \dfrac{\partial \varphi_n}{\partial (\Delta\boldsymbol{\theta})} = (-\Delta\theta_z \quad 1 \quad -\Delta\theta_x) \\ \dfrac{\partial \gamma_n}{\partial (\Delta\boldsymbol{\theta})} = (1 \quad \Delta\theta_z \quad \Delta\theta_y) \end{cases} \quad (7.16)$$

7.2.3 初始零位误差分析

记姿态角的初始零位误差为 $\Delta\vartheta_0$、φ_0 和 γ_0，其中 f_0 满足

$$\begin{aligned} f_0 &= \begin{bmatrix} \cos(90°+\Delta\vartheta_0) & -\sin(90°+\Delta\vartheta_0) & 0 \\ \sin(90°+\Delta\vartheta_0) & \cos(90°+\Delta\vartheta_0) & 0 \\ 0 & 0 & 1 \end{bmatrix} \\ &\cdot \begin{bmatrix} \cos\varphi_0 & 0 & \sin\varphi_0 \\ 0 & 1 & 0 \\ -\sin\varphi_0 & 0 & \cos\varphi_0 \end{bmatrix} \begin{bmatrix} 1 & 0 & 0 \\ 0 & \cos\gamma_0 & -\sin\gamma_0 \\ 0 & \sin\gamma_0 & \cos\gamma_0 \end{bmatrix} \end{aligned} \quad (7.17)$$

式(7.17)对 $\Delta\vartheta_0$ 求导,得

$$\begin{aligned} \dfrac{\partial f_0}{\partial(\Delta\vartheta_0)} &= \begin{bmatrix} -\sin(90°+\Delta\vartheta_0) & -\cos(90°+\Delta\vartheta_0) & 0 \\ \cos(90°+\Delta\vartheta_0) & -\sin(90°+\Delta\vartheta_0) & 0 \\ 0 & 0 & 0 \end{bmatrix} \\ &\cdot \begin{bmatrix} \cos\varphi_0 & 0 & \sin\varphi_0 \\ 0 & 1 & 0 \\ -\sin\varphi_0 & 0 & \cos\varphi_0 \end{bmatrix} \begin{bmatrix} 1 & 0 & 0 \\ 0 & \cos\gamma_0 & -\sin\gamma_0 \\ 0 & \sin\gamma_0 & \cos\gamma_0 \end{bmatrix} \end{aligned} \quad (7.18)$$

同理,式(7.17)对 φ_0 求导,得

$$\begin{aligned} \dfrac{\partial f_0}{\partial \varphi_0} &= \begin{bmatrix} \cos(90°+\Delta\vartheta_0) & -\sin(90°+\Delta\vartheta_0) & 0 \\ \sin(90°+\Delta\vartheta_0) & \cos(90°+\Delta\vartheta_0) & 0 \\ 0 & 0 & 1 \end{bmatrix} \\ &\cdot \begin{bmatrix} -\sin\varphi_0 & 0 & \cos\varphi_0 \\ 0 & 0 & 0 \\ -\cos\varphi_0 & 0 & -\sin\varphi_0 \end{bmatrix} \begin{bmatrix} 1 & 0 & 0 \\ 0 & \cos\gamma_0 & -\sin\gamma_0 \\ 0 & \sin\gamma_0 & \cos\gamma_0 \end{bmatrix} \end{aligned} \quad (7.19)$$

类似地,式(7.17)对 γ_0 求导,得

$$\frac{\partial f_0}{\partial \gamma_0} = \begin{bmatrix} \cos(90°+\vartheta_0) & -\sin(90°+\vartheta_0) & 0 \\ \sin(90°+\vartheta_0) & \cos(90°+\vartheta_0) & 0 \\ 0 & 0 & 1 \end{bmatrix}$$

$$\cdot \begin{bmatrix} \cos\varphi_0 & 0 & \sin\varphi_0 \\ 0 & 1 & 0 \\ -\sin\varphi_0 & 0 & \cos\varphi_0 \end{bmatrix} \begin{bmatrix} 0 & 0 & 0 \\ 0 & -\sin\gamma_0 & -\cos\gamma_0 \\ 0 & \cos\gamma_0 & -\sin\gamma_0 \end{bmatrix} \quad (7.20)$$

当 $\Delta\vartheta_0 = 0, \varphi_0 = 0$ 和 $\gamma_0 = 0$ 时，分别代入式(7.17)~式(7.20)，得

$$f_0 = \begin{bmatrix} 0 & -1 & 0 \\ 1 & 0 & 0 \\ 0 & 0 & 1 \end{bmatrix}, \frac{\partial f_0}{\partial(\Delta\vartheta_0)} = \begin{bmatrix} -1 & 0 & 0 \\ 0 & -1 & 0 \\ 0 & 0 & 0 \end{bmatrix},$$

$$\frac{\partial f_0}{\partial \varphi_0} = \begin{bmatrix} 0 & 0 & 0 \\ 0 & 0 & 1 \\ -1 & 0 & 0 \end{bmatrix}, \frac{\partial f_0}{\partial \gamma_0} = \begin{bmatrix} 0 & 0 & 1 \\ 0 & 0 & 0 \\ 0 & 1 & 0 \end{bmatrix} \quad (7.21)$$

7.2.4 加速度表工具误差模型

由文献[217]可知，加速度表工具误差模型为

$$\dot{\boldsymbol{W}}_\mathrm{t} = \begin{bmatrix} \dot{W}_x \\ \dot{W}_y \\ \dot{W}_z \end{bmatrix} = \begin{bmatrix} \dot{W}_{x0} \\ \dot{W}_{y0} \\ \dot{W}_{z0} \end{bmatrix} + \begin{bmatrix} K_{x0} + K_{1x}\dot{W}_x + K_{2x}\dot{W}_y + K_{3x}\dot{W}_z \\ K_{y0} + K_{1y}\dot{W}_y + K_{2y}\dot{W}_z + K_{3y}\dot{W}_x \\ K_{z0} + K_{1z}\dot{W}_z + K_{2z}\dot{W}_x + K_{3z}\dot{W}_y \end{bmatrix} \quad (7.22)$$

式中：$\dot{\boldsymbol{W}}_0 = [\dot{W}_{x0}, \dot{W}_{y0}, \dot{W}_{z0}]^\mathrm{T}$ 为视加速度真值；K_{x0}、K_{y0} 和 K_{z0} 分别为轴向、法向和横向加速度表零位误差；K_{1x}、K_{2x} 和 K_{3x} 分别为 $\dot{W}_x$、$\dot{W}_y$ 和 $\dot{W}_z$ 轴向加速度表的比例误差；K_{1y}、K_{2y} 和 K_{3y} 分别为 $\dot{W}_y$、$\dot{W}_z$ 和 $\dot{W}_x$ 法向加速度表的比例误差；K_{1z}、K_{2z} 和 K_{3z} 分别为 $\dot{W}_z$、$\dot{W}_x$ 和 $\dot{W}_y$ 横向加速度表的比例误差。

因为固连在弹体轴上的3个视加速度表的敏感值由轴向视加速度决定，所以可忽略其他轴向视加速度的影响，并且认为横向加速度表只有零位误差。

因此，式(7.22)还可简化为

$$\dot{\boldsymbol{W}}_\mathrm{t} = \begin{bmatrix} \dot{W}_{x0} \\ \dot{W}_{y0} \\ \dot{W}_{z0} \end{bmatrix} + \begin{bmatrix} K_{x0} + K_{1x}\dot{W}_x \\ K_{y0} + K_{1y}\dot{W}_y \\ K_{z0} \end{bmatrix} \quad (7.23)$$

故将式(7.23)分别对工具误差项 K_{x0}、K_{y0}、K_{z0}、K_{1x} 和 K_{1y} 求导得到加速度表的工具误差模型：

$$\begin{bmatrix} \dfrac{\partial \dot{W}_t}{\partial K_{x0}} & \dfrac{\partial \dot{W}_t}{\partial K_{y0}} & \dfrac{\partial \dot{W}_t}{\partial K_{z0}} & \dfrac{\partial \dot{W}_t}{\partial K_{1x}} & \dfrac{\partial \dot{W}_t}{\partial K_{1y}} \end{bmatrix} = \begin{bmatrix} 1 & 0 & 0 & \dot{W}_x & 0 \\ 0 & 1 & 0 & 0 & \dot{W}_y \\ 0 & 0 & 1 & 0 & 0 \end{bmatrix} \quad (7.24)$$

7.2.5 速率陀螺工具误差分析

由文献[217]可知，因为空地导弹在飞行过程中的干扰力矩非常小，所以将轴向和法向速率陀螺的值近似为零位误差值。为了便于计算，不考虑俯仰速率陀螺与其他因素的耦合情况，则速率陀螺的工具误差模型为

$$\Delta \boldsymbol{\theta} = \begin{bmatrix} \Delta \theta_x \\ \Delta \theta_y \\ \Delta \theta_z \end{bmatrix} = \begin{bmatrix} \Delta \theta_{x0} \\ \Delta \theta_{y0} \\ \Delta \theta_{z0} \end{bmatrix} + \begin{bmatrix} k_{x0} \\ k_{y0} \\ k_{z0} + k_{1z}\omega_z \end{bmatrix} \quad (7.25)$$

式中：k_{x0} 为轴向速率陀螺零位误差；k_{y0} 为法向速率陀螺零位误差；k_{z0} 为横向速率陀螺零位误差；k_{1x} 为轴向速率陀螺比例误差；k_{1y} 为法向速率陀螺比例误差；k_{1z} 为横向速率陀螺比例误差。

将式(7.25)分别对速率陀螺工具误差项求导得到速率陀螺工具误差的模型：

$$\begin{bmatrix} \dfrac{\partial \Delta \boldsymbol{\theta}}{\partial k_{x0}} & \dfrac{\partial \Delta \boldsymbol{\theta}}{\partial k_{y0}} & \dfrac{\partial \Delta \boldsymbol{\theta}}{\partial k_{z0}} & \dfrac{\partial \Delta \boldsymbol{\theta}}{\partial k_{1z}} \end{bmatrix} = \begin{bmatrix} T & 0 & 0 & 0 \\ 0 & T & 0 & 0 \\ 0 & 0 & T & \Delta \theta_z \end{bmatrix} \quad (7.26)$$

7.2.6 视加速度工具误差环境函数分析

为了便于计算，此处我们假设视加速度工具误差项向量为

$$\boldsymbol{C}^A = (K_{x0}, K_{y0}, K_{z0}, K_{1x}, K_{1y}, k_{x0}, k_{y0}, k_{z0}, k_{1z}, \Delta \vartheta_0, \varphi_0, \gamma_0)$$

则将式(7.7)在 $\dot{W}_0$ 处泰勒展开，得

$$\begin{aligned} \dot{W}_g &= \dot{W}_0 + \frac{\partial}{\partial \boldsymbol{C}^A}(A_n \cdot \dot{W}_t) \cdot \boldsymbol{C}^A + \boldsymbol{\zeta} \\ &= \dot{W}_0 + \left(f_0 \cdot B_n \cdot \frac{\partial \dot{W}_t}{\partial \boldsymbol{C}^A} + f_0 \cdot \frac{\partial B_n}{\partial \boldsymbol{C}^A} \cdot \dot{W}_t + \frac{\partial f_0}{\partial \boldsymbol{C}^A} \cdot B_n \cdot \dot{W}_g \right) \cdot \boldsymbol{C}^A + \boldsymbol{\zeta} \\ &= \dot{W}_0 + \boldsymbol{S}^A \boldsymbol{C}^A + \boldsymbol{\zeta} \end{aligned} \quad (7.27)$$

式中：$\dot{W}_0$ 为视加速度真值；ζ 为一阶微分项；S^A 为视加速度工具误差环境函数。

记 $\Delta \dot{W} = \dot{W}_g - \dot{W}_0$，则

$$\Delta \dot{W} = S^A C^A + \zeta \qquad (7.28)$$

其中 S^A 环境函数为

$$\begin{cases} [S_1^A \quad S_2^A \quad S_3^A \quad S_4^A \quad S_5^A] = f_0 B_n \begin{bmatrix} 1 & 0 & 0 & \dot{W}_x & 0 \\ 0 & 1 & 0 & 0 & \dot{W}_y \\ 0 & 0 & 1 & 0 & 0 \end{bmatrix} \\ S_6^A = f_0 \left\{ \dfrac{\partial B_{n-1}}{\partial k_{x0}} f_n + B_{n-1} \left[\dfrac{\partial f_n}{\partial \gamma_n} - \dfrac{\partial f_n}{\partial \varphi_n} \Delta \theta_z \right] T \right\} \dot{W}_t \\ S_7^A = f_0 \left\{ \dfrac{\partial B_{n-1}}{\partial k_{y0}} f_n + B_{n-1} \left[\dfrac{\partial f_n}{\partial \varphi_n} - \dfrac{\partial f_n}{\partial \gamma_n} \Delta \theta_z \right] T \right\} \dot{W}_t \\ S_8^A = f_0 \left\{ \dfrac{\partial B_{n-1}}{\partial k_{z0}} f_n + B_{n-1} \left[\dfrac{\partial f_n}{\partial \vartheta_n} - \dfrac{\partial f_n}{\partial \varphi_n} \Delta \theta_x + \dfrac{\partial f_n}{\partial \gamma_n} \Delta \theta_y \right] T \right\} \dot{W}_t \\ S_9^A = f_0 \left\{ \dfrac{\partial B_{n-1}}{\partial k_{1z}} f_n + B_{n-1} \left[\dfrac{\partial f_n}{\partial \vartheta_n} - \dfrac{\partial f_n}{\partial \varphi_n} \Delta \theta_x + \dfrac{\partial f_n}{\partial \gamma_n} \Delta \theta_y \right] \Delta \theta_z T \right\} \dot{W}_t \\ [S_{10}^A \quad S_{11}^A \quad S_{12}^A] = \left[\dfrac{\partial f_0}{\partial \Delta \vartheta_0} B_n \dot{W}_t \quad \dfrac{\partial f_0}{\partial \varphi_0} B_n \dot{W}_t \quad \dfrac{\partial f_0}{\partial \gamma_0} B_n \dot{W}_t \right]_t \end{cases}$$

(7.29)

其中

$$\dfrac{\partial f_n}{\partial (\Delta \vartheta_n)} = \begin{bmatrix} -\sin\vartheta_n & -\cos\vartheta_n & 0 \\ \cos\vartheta_n & -\sin\vartheta_n & 0 \\ 0 & 0 & 0 \end{bmatrix} \begin{bmatrix} \cos\varphi_n & 0 & \sin\varphi_n \\ 0 & 1 & 0 \\ -\sin\varphi_n & 0 & \cos\varphi_n \end{bmatrix} \begin{bmatrix} 1 & 0 & 0 \\ 0 & \cos\gamma_n & -\sin\gamma_n \\ 0 & \sin\gamma_n & \cos\gamma_n \end{bmatrix}$$

(7.30)

$$\dfrac{\partial f_n}{\partial \varphi_n} = \begin{bmatrix} \cos\vartheta_n & -\sin\vartheta_n & 0 \\ \sin\vartheta_n & \cos\vartheta_n & 0 \\ 0 & 0 & 1 \end{bmatrix} \begin{bmatrix} -\sin\varphi_n & 0 & \cos\varphi_n \\ 0 & 1 & 0 \\ -\cos\varphi_n & 0 & -\sin\varphi_n \end{bmatrix} \begin{bmatrix} 1 & 0 & 0 \\ 0 & \cos\gamma_n & -\sin\gamma_n \\ 0 & \sin\gamma_n & \cos\gamma_n \end{bmatrix}$$

(7.31)

$$\dfrac{\partial f_n}{\partial \gamma_n} = \begin{bmatrix} \cos\vartheta_n & -\sin\vartheta_n & 0 \\ \sin\vartheta_n & \cos\vartheta_n & 0 \\ 0 & 0 & 1 \end{bmatrix} \begin{bmatrix} \cos\varphi_n & 0 & \sin\varphi_n \\ 0 & 1 & 0 \\ -\sin\varphi_n & 0 & \cos\varphi_n \end{bmatrix} \begin{bmatrix} 0 & 0 & 0 \\ 0 & -\sin\gamma_n & -\cos\gamma_n \\ 0 & \cos\gamma_n & -\sin\gamma_n \end{bmatrix}$$

(7.32)

7.2.7 视速度和视位置工具误差环境函数模型

将时间间隔 Δt_0 加入视加速度工具误差项向量,就可得到视速度工具误差项向量 $\boldsymbol{C}^A = (K_{x0}, K_{y0}, K_{z0}, K_{1x}, K_{1y}, k_{x0}, k_{y0}, k_{z0}, k_{1z}, \Delta \vartheta_0, \varphi_0, \gamma_0, \Delta t_0)$,进一步假设 t_n 时刻导弹的视加速度外测值为 $\dot{\boldsymbol{W}}_g(t_n)$,遥测值为 $\boldsymbol{A}_n(t_n, \boldsymbol{C}^V) \boldsymbol{W}_t(t_n, \boldsymbol{C}^V)$,同理,将遥测值在外测值处泰勒展开,得

$$\Delta \dot{\boldsymbol{W}}(t_n, \boldsymbol{C}^V) = \frac{\partial}{\partial \boldsymbol{C}^V}[\boldsymbol{A}_n(t_n, \boldsymbol{C}^V) \dot{\boldsymbol{W}}_t(t_n, \boldsymbol{C}^V)] \boldsymbol{C}^V + \boldsymbol{\xi} \quad (7.33)$$

式中: $\Delta \dot{\boldsymbol{W}}(t_n, \boldsymbol{C}^V) = \boldsymbol{A}_n(t_n, \boldsymbol{C}^V) \dot{\boldsymbol{W}}_t(t_n, \boldsymbol{C}^V) - \boldsymbol{A}_n(t_n) \dot{\boldsymbol{W}}_t(t_n)$。

类似,由式(7.27),得

$$\Delta \dot{\boldsymbol{W}} = \boldsymbol{S}^A \boldsymbol{C}^A + \frac{\partial}{\partial \boldsymbol{C}^V}[\boldsymbol{A}_n(t_n, \boldsymbol{C}^V) \dot{\boldsymbol{W}}_t(t_n, \boldsymbol{C}^V)] \Delta t_0 + \boldsymbol{\xi} \quad (7.34)$$

分别对式(7.33)和式(7.34)积分,得

$$\Delta \dot{\boldsymbol{W}}(t_n, \boldsymbol{C}^V) = \boldsymbol{S}^V \boldsymbol{C}^V + \boldsymbol{\xi} \quad (7.35)$$

和

$$\Delta \dot{\boldsymbol{W}} = \left\{ \int_{\tau=0}^{t_{n-1}} \boldsymbol{S}^A \mathrm{d}\tau + \boldsymbol{S}^A(t_n) T \right\} \boldsymbol{C}^A + \dot{\boldsymbol{W}}_t(t_n) \Delta t_0 + \boldsymbol{\xi} \quad (7.36)$$

式中:环境函数 $\boldsymbol{S}^V$ 计算公式为

$$\begin{cases} [\boldsymbol{S}_1^V \quad \boldsymbol{S}_2^V \quad \boldsymbol{S}_3^V \quad \boldsymbol{S}_4^V \quad \boldsymbol{S}_5^V] = f_0 \boldsymbol{B}_n T \begin{bmatrix} 1 & 1 & 1 & 1+\dot{W}_x & 1+\dot{W}_x \\ 0 & 1 & 1 & 1 & 1+\dot{W}_y \\ 0 & 0 & 1 & 1 & 1 \end{bmatrix} \\ \boldsymbol{S}_6^V = f_0 \boldsymbol{B}_n T \begin{bmatrix} 1+\dot{W}_x \\ 1+\dot{W}_y \\ 1 \end{bmatrix} \\ \qquad + f_0 T \dot{\boldsymbol{W}}_t \left\{ \frac{\partial \boldsymbol{B}_{n-1}}{\partial k_{x0}} f_n + \boldsymbol{B}_{n-1} T \left[\frac{\partial f_n}{\partial \gamma_n} - \frac{\partial f_n}{\partial \varphi_n} \Delta \theta_z \right] \right\} \\ \boldsymbol{S}_7^V = f_0 \boldsymbol{B}_n T \begin{bmatrix} 1+\dot{W}_x \\ 1+\dot{W}_y \\ 1 \end{bmatrix} + f_0 T \dot{\boldsymbol{W}}_t \left\{ \left[\frac{\partial \boldsymbol{B}_{n-1}}{\partial k_{x0}} + \frac{\partial \boldsymbol{B}_{n-1}}{\partial k_{y0}} \right] f_n \right. \\ \qquad \left. + \boldsymbol{B}_{n-1} T \left[\frac{\partial f_n}{\partial \gamma_n} + \frac{\partial f_n}{\partial \varphi_n} + \frac{\partial f_n}{\partial \gamma_n} \Delta \theta_z - \frac{\partial f_n}{\partial \varphi_n} \Delta \theta_z \right] \right\} \\ \boldsymbol{S}_8^V = f_0 \boldsymbol{B}_n T \begin{bmatrix} 1+\dot{W}_x \\ 1+\dot{W}_y \\ 1 \end{bmatrix} + f_0 T \dot{\boldsymbol{W}}_t \left\{ \left[\frac{\partial \boldsymbol{B}_{n-1}}{\partial k_{x0}} + \frac{\partial \boldsymbol{B}_{n-1}}{\partial k_{y0}} + \frac{\partial \boldsymbol{B}_{n-1}}{\partial k_{z0}} \right] f_n \right\} \end{cases}$$

$$(7.37)$$

$$\begin{cases}
\boldsymbol{S}_9^V = f_0 \boldsymbol{B}_n T \begin{bmatrix} 1+\dot{W}_x \\ 1+\dot{W}_y \\ 1 \end{bmatrix} + f_0 T \dot{\boldsymbol{W}}_t \left\{ \left[\dfrac{\partial \boldsymbol{B}_{n-1}}{\partial k_{x0}} + \dfrac{\partial \boldsymbol{B}_{n-1}}{\partial k_{y0}} + \dfrac{\partial \boldsymbol{B}_{n-1}}{\partial k_{z0}} + \dfrac{\partial \boldsymbol{B}_{n-1}}{\partial k_{1z}} \right] f_n \right. \\
\qquad + \boldsymbol{B}_{n-1} T \left[\dfrac{\partial f_n}{\partial \gamma_n} + \dfrac{\partial f_n}{\partial \varphi_n} + \dfrac{\partial f_n}{\partial \vartheta_n} + \dfrac{\partial f_n}{\partial \vartheta_n}\Delta\theta_z + \dfrac{\partial f_n}{\partial \gamma_n}\Delta\theta_z - \dfrac{\partial f_n}{\partial \varphi_n}\Delta\theta_z \right. \\
\qquad \left. \left. + \dfrac{\partial f_n}{\partial \gamma_n}\Delta\theta_y - \dfrac{\partial f_n}{\partial \varphi_n}\Delta\theta_x - \dfrac{\partial f_n}{\partial \varphi_n}\Delta\theta_{x1}\Delta\theta_z + \dfrac{\partial f_n}{\partial \gamma_n}\Delta\theta_y\Delta\theta_z \right] \right\} \\
\boldsymbol{S}_{10}^V = \boldsymbol{S}_9^V + \dfrac{\partial f_0}{\partial \Delta\vartheta_0}\boldsymbol{B}_n\dot{\boldsymbol{W}}_t T \\
\boldsymbol{S}_{11}^V = \boldsymbol{S}_9^V + \dfrac{\partial f_0}{\partial \Delta\vartheta_0}\boldsymbol{B}_n\dot{\boldsymbol{W}}_t T + \dfrac{\partial f_0}{\partial \varphi_0}\boldsymbol{B}_n\dot{\boldsymbol{W}}_t T \\
\boldsymbol{S}_{12}^V = \boldsymbol{S}_9^V + \dfrac{\partial f_0}{\partial \Delta\vartheta_0}\boldsymbol{B}_n\dot{\boldsymbol{W}}_t T + \dfrac{\partial f_0}{\partial \varphi_0}\boldsymbol{B}_n\dot{\boldsymbol{W}}_t T + \dfrac{\partial f_0}{\partial \gamma_0}\boldsymbol{B}_n\dot{\boldsymbol{W}}_t T
\end{cases}$$

(7.38)

由式(7.35)、式(7.37)和式(7.38)得

$$\begin{cases} \boldsymbol{S}_{i,n}^V = \boldsymbol{S}_{i,n-1}^V + \boldsymbol{S}_i^A(t_n) T \quad (i=1,2,\cdots,12) \\ \boldsymbol{S}_{13,n}^V = f_0 \boldsymbol{B}_n(t_n)\dot{\boldsymbol{W}}_t(t_n) = \dot{\boldsymbol{W}}_g(t_n) \end{cases}$$

(7.39)

对式(7.39)在时间$[0,t_n]$内进行积分得到视位置工具误差环境函数公式为

$$\begin{cases} \boldsymbol{S}_{i,n}^s = \boldsymbol{S}_{i,n-1}^s + \boldsymbol{S}_{i,n}^V T + \dfrac{1}{2}\boldsymbol{S}_i^A(t_n) T \quad (i=1,2,\cdots,12) \\ \boldsymbol{S}_{13,n}^V = \int_{\tau=0}^{t_n} f_0 \boldsymbol{B}_n(t_n)\dot{\boldsymbol{W}}_t(t_n)\mathrm{d}\tau = \dot{\boldsymbol{W}}_g(t_n) \end{cases}$$

(7.40)

综上可知,SINS 工具误差的计算非常复杂。由文献[217]可知,SINS 工具误差在 SINS 总误差中占绝大部分,而 SINS 总误差的影响占导弹总误差偏差的 80% 以上。因此,工程中如何将 SINS 工具误差中的主要误差估计出来,对于空地导弹导航精度的评估至关重要。由于最小二乘估计简单、易于实现,因此下面介绍基于最小二乘估计的 SINS 工具误差计算。

7.2.8 基于最小二乘估计的 SINS 工具误差计算

将上述 SINS 工具误差模型代入导弹视速度的测量方程中,利用外测数据就能分离 SINS 的工具误差[217]。

假设地面外测系统获得的测量数据为

第7章 基于增强误差谱的空地导弹系统导航精度评估

$$V = V_0 + \xi \tag{7.41}$$

式中:V 为外测数据处理的弹道在发射坐标系中的速度,$V = [V_x, V_y, V_z]^T$;V_0 为导弹在发射坐标系中的速度真值,$V_0 = [V_{x0}, V_{y0}, V_{z0}]$;$\xi$ 为外测速度的随机误差,$\xi = [\xi_x, \xi_y, \xi_z]^T$;$\xi_x$、$\xi_y$ 和 ξ_z 分别为 V_{x0}、V_{y0} 和 V_{z0} 的随机误差。

同理,假设遥测制导系统得到的测速数据为

$$V' = V_0 + \Delta V \tag{7.42}$$

式中:V' 为遥测数据处理的弹道在发射坐标系中的速度,$V' = [V'_x, V'_y, V'_z]^T$;$\Delta V$ 为遥测速度的系统误差,$\Delta V = [\Delta V_x, \Delta V_y, \Delta V_z]^T$;$\Delta V_x$、$\Delta V_y$、$\Delta V_z$ 分别为 V'_x、V'_y 和 V'_z 的系统误差。

对 t_j 时刻的外测数据和遥测数据作差,得

$$\delta V_j = V'_j - V_j = \Delta V_j + \xi_j \tag{7.43}$$

根据 SINS 的工具误差,得

$$\delta V_j = S_j C + \xi_j \tag{7.44}$$

式中,S_j 为 t_j 时刻 SINS 工具误差的速度环境函数;ξ_j 为 t_j 时刻外测速度的随机误差向量;C 为 SINS 工具误差向量。

运用统计估计方法,当 l 个待估算的 SINS 工具误差与每个采样时刻满足 $3n > l$ 时,可得 C 的最小二乘估计为[217]

$$\hat{C} = \frac{\sum_{j=1}^{n} S_j^T P_j^{-1} \delta V_j}{\sum_{j=1}^{n} S_j^T P_j^{-1} S_j} \tag{7.45}$$

并且 $\hat{C}$ 的误差协方差阵为

$$P_{\hat{C}} = \frac{1}{\sum_{j=1}^{n} S_j^T P_j^{-1} S_j} \tag{7.46}$$

故而 t_j 时刻 SINS 工具误差影响速度误差的估计为

$$\Delta \hat{V}_j = \sum_{j=1}^{n} S_j^V \hat{C} \tag{7.47}$$

同理,得到 t_j 时刻 SINS 工具误差影响位置误差的估计为

$$\Delta S_j = \sum_{j=1}^{n} S_j^A \hat{C} \tag{7.48}$$

根据式(7.47)和式(7.48)的速度误差和位置误差对 SINS 的导航精度进行评估。

又因为 SINS 工具误差模型随着时间传播并呈现增大趋势,依靠单一的

惯导制导系统,导航精度无法满足要求。实际中常用卫星定位系统(GPS)进行修正,即组合导航系统。组合导航系统中捷联惯性导航与卫星定位组合能够取长补短。因为 GPS 的稳定性能够实时修正惯性导航的误差;而 INS 短时间内的高精度信息又能弥补卫星导航受干扰时信号丢失的缺点。下面分析我国北斗导航系统误差。

7.3 北斗导航系统误差分析

目前,全球导航卫星系统(GNSS)主要有 GPS(美国)、GLONASS(俄罗斯)、"伽利略"(欧盟)和我国北斗卫星导航系统(BDSNS)。本章主要研究 BDSNS 测距与定位原理、BDSNS 误差分析和 BDSNS 误差模型。

7.3.1 BDSNS 测距与定位原理分析

由文献[218]可得,令观测点的坐标为(X_i, Y_i, Z_i),第j颗卫星的坐标为(X^j, Y^j, Z^j),则观测点(X_i, Y_i, Z_i)与第j颗卫星的距离为

$$R_i^j = \sqrt{(X^j - X_i)^2 + (Y^j - Y_i)^2 + (Z^j - Z_i)^2} \quad (7.49)$$

假设c为光速,第j颗卫星发射信号时的理想 BDSNS 时刻为τ^j,接收机T_i收到第j颗卫星的信号时的理想 BDSNS 时刻为τ_j,则第j颗卫星的观测距离为

$$R_i^j = c \times (\tau_j - \tau^j) \quad (7.50)$$

根据 BDSNS 的测距原理,当同时观测到 3 颗 BDSNS 卫星时,通过求解下面的方程组,就能获得观测点的位置(X_i, Y_i, Z_i)。

$$\begin{cases} R_i^1 = \sqrt{(X^1 - X_i)^2 + (Y^1 - Y_i)^2 + (Z^1 - Z_i)^2} \\ R_i^2 = \sqrt{(X^2 - X_i)^2 + (Y^2 - Y_i)^2 + (Z^2 - Z_i)^2} \\ R_i^3 = \sqrt{(X^3 - X_i)^2 + (Y^3 - Y_i)^2 + (Z^3 - Z_i)^2} \end{cases} \quad (7.51)$$

由于实际中 BDSNS 卫星和 BDSNS 用户接收机与理想 BDSNS 时钟存在时钟差,进而导致 BDSNS 测量的距离也存在误差,因此令t^j为第j颗卫星发射信号时的卫星时钟时刻,Δt^j为卫星相对理想 BDSNS 时刻的时钟差;t_i为接收机T_i收到第j颗卫星发射的信号时接收机时钟的时刻;Δt_i为接收机时钟相对理想 BDSNS 时刻的时钟差,故

$$\begin{cases} t^j = \tau^j + \Delta t^j \\ t_i = \tau_i + \Delta t_i \end{cases} \quad (7.52)$$

第7章 基于增强误差谱的空地导弹系统导航精度评估

进一步令 Δt_i^j 为第 j 颗卫星发送的信号到接收机 T_i 的传播时间,则有

$$\Delta t_i^j = (\tau_i - \tau^j) + (\Delta t_i - \Delta t^j) \tag{7.53}$$

将式(7.53)代入式(7.50)得第 j 颗 BDSNS 卫星到观测点的距离(称为伪距)为

$$\rho_i^j = c\Delta t_i^j = c(\tau_i - \tau^j) + c(\Delta t_i - \Delta t^j) = R_i^j + c\delta t_i^j \tag{7.54}$$

式中:$\delta t_i^j = (\Delta t_i - \Delta t^j)$。显然,当 $\delta t_i^j = (\Delta t_i - \Delta t^j) = 0$ 时,伪距就是卫星与观测点之间的几何距离。

当观测点的接收机得到了 4 颗卫星的伪距时,式(7.51)改为

$$\begin{cases} \rho_i^1 = \sqrt{(X^1 - X_i)^2 + (Y^1 - Y_i)^2 + (Z^1 - Z_i)^2} + cDT \\ \rho_i^2 = \sqrt{(X^2 - X_i)^2 + (Y^2 - Y_i)^2 + (Z^2 - Z_i)^2} + cDT \\ \rho_i^3 = \sqrt{(X^3 - X_i)^2 + (Y^3 - Y_i)^2 + (Z^3 - Z_i)^2} + cDT \\ \rho_i^4 = \sqrt{(X^4 - X_i)^2 + (Y^4 - Y_i)^2 + (Z^4 - Z_i)^2} + cDT \end{cases} \tag{7.55}$$

显然,求解式(7.55)可得每一时刻接收机的时钟误差和接收机的位置信息。

7.3.2 BDSNS 误差分析

BDSNS 的误差来源包括空间飞行器误差、用户系统误差和信号传播误差。其中空间飞行器误差是指星历误差和卫星设备延迟误差,通常将空间飞行器误差的等效测距误差 δR_s 视为白噪声。用户系统误差主要分为用户系统测量误差、计算机系统误差、量化误差和用户时钟误差。其中接收机时钟的时间误差为

$$\Delta T(t) = \frac{1}{2}Kt^2 + A_a t + T_0 \tag{7.56}$$

式中:K 为频率漂移率;A_a 为初始率准确度;T_0 为初始时间偏差。

一般情况下,因为弹道导弹飞行时间短,所以忽略接收机时钟的漂移($K=0$),则用户时钟误差导致的等效测距误差为

$$\Delta R_{\text{clock}} = c\Delta T = c \cdot A_a t + c \cdot T_0 \tag{7.57}$$

假设 v_u 为白噪声,则用户系统的等效测距误差 ΔR_u 为

$$\Delta R_u = \Delta R_{\text{clock}} + v_u = c \cdot A_a t + c \cdot T_0 + v_u \tag{7.58}$$

信号传播误差主要包括电离层导致的码调制延迟、对流层引起的延迟传播和多路径传播产生的误差。通过分析发现,信号传播误差也可等效为高斯白噪声。

7.3.3　BDSNS 误差模型

由文献[218]可得，BDSNS 误差模型为

$$\dot{x}_{BDSNS} = F_{BDSNS} x_{BDSNS} + G_{BDSNS} w_{BDSNS} \quad (7.59)$$

因为

$$F_{BDSNS} = \begin{bmatrix} -1/\tau_{BDSNS} & 0 & 0 & \Delta r_i/\rho_i & 0 & 0 \\ 0 & \ddots & 0 & 0 & \ddots & 0 \\ 0 & 0 & \ddots & 0 & 0 & \Delta r_i/\rho_i \\ 0 & 0 & 0 & \ddots & 0 & 0 \\ 0 & 0 & 0 & 0 & \ddots & 0 \\ 0 & 0 & 0 & 0 & 0 & -1/\tau_{BDSNS} \end{bmatrix}$$

代入式(7.59)，得

$$\begin{bmatrix} \Delta \dot{X}_{BDSNS} \\ \Delta \dot{Y}_{BDSNS} \\ \Delta \dot{Z}_{BDSNS} \\ \Delta \dot{V}_{XDSNS} \\ \Delta \dot{V}_{YBDSNS} \\ \Delta \dot{V}_{ZBDSNS} \end{bmatrix} = \begin{bmatrix} -1/\tau_{BDSNS} & 0 & 0 & \Delta r_i/\rho_i & 0 & 0 \\ 0 & \ddots & 0 & 0 & \ddots & 0 \\ 0 & 0 & \ddots & 0 & 0 & \Delta r_i/\rho_i \\ 0 & 0 & 0 & \ddots & 0 & 0 \\ 0 & 0 & 0 & 0 & \ddots & 0 \\ 0 & 0 & 0 & 0 & 0 & -1/\tau_{BDSNS} \end{bmatrix}$$

$$\cdot \begin{bmatrix} \Delta X_{BDSNS} \\ \Delta Y_{BDSNS} \\ \Delta Z_{BDSNS} \\ \Delta V_{XBDSNS} \\ \Delta V_{YBDSNS} \\ \Delta V_{ZBDSNS} \end{bmatrix} + G_{BDSNS} \begin{bmatrix} w_{XBDSNS} \\ w_{YBDSNS} \\ w_{ZBDSNS} \\ w_{V_XBDSNS} \\ w_{V_YBDSNS} \\ w_{V_ZBDSNS} \end{bmatrix}$$

$$(7.60)$$

式中：G_{BDSNS} 为单位阵 $I_{6\times 6}$；Δr_i 为载体与中心站间距离；ρ_i 为卫星与中心站间距离；τ_{BDSNS} 为接收机的漂移。

本节根据式(7.60)对 SINS 中的位置误差进行修正。

7.4 基于增强误差谱的空地导弹系统导航精度评估

7.4.1 SINS 导航精度评估

利用导弹六自由度弹道仿真的 MATLAB 程序,计算某一仿真弹道的遥测、外测数据,该弹道的参数如表 7.1 所列。

表 7.1 3 次试验服从的二维正态分布参数

参数	参数值	参数	参数值
巡航段飞行速度 /(km/h)	900	加速度	$\dot{W}_x \sim \mathcal{N}(0, \delta_W = 10^{-6} \text{m/s}^2)$ $\dot{W}_y \sim \mathcal{N}(0, \delta_W = 10^{-6} \text{m/s}^2)$ $\dot{W}_z \sim \mathcal{N}(0, \delta_W = 10^{-6} \text{m/s}^2)$
巡航高度/m	600		
巡航距离/km	100		
外测速度随机误差	$\xi_v \sim \mathcal{N}(0, 0.2)$	外测位置随机误差	$\xi_v \sim \mathcal{N}(0, 2)$
速率陀螺量级	10^{-3}	速率陀螺	$\Delta\theta_x、\Delta\theta_y、\Delta\theta_z \sim \mathcal{N}(0, \delta_\theta = 2(°)/\text{h})$

选取 300 个时刻,计算每个时刻测量的遥外位置偏差和速度偏差,并将其代入误差谱计算公式,得到遥外速度偏差和位置偏差的误差谱曲线分别如图 7.2 和图 7.3 所示。

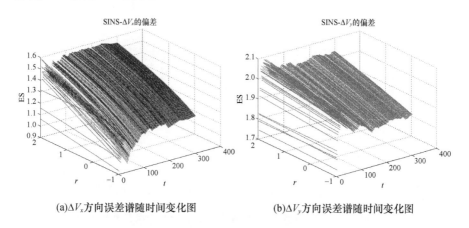

(a) ΔV_x 方向误差谱随时间变化图　　(b) ΔV_y 方向误差谱随时间变化图

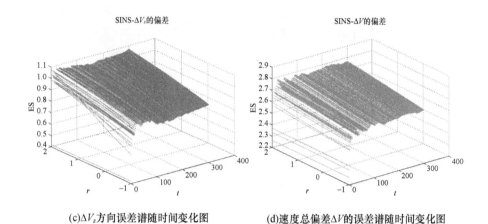

(c)ΔV_z方向误差谱随时间变化图

(d)速度总偏差ΔV的误差谱随时间变化图

图 7.2 SINS3 个方向的速度偏差和速度总偏差的误差谱变化图

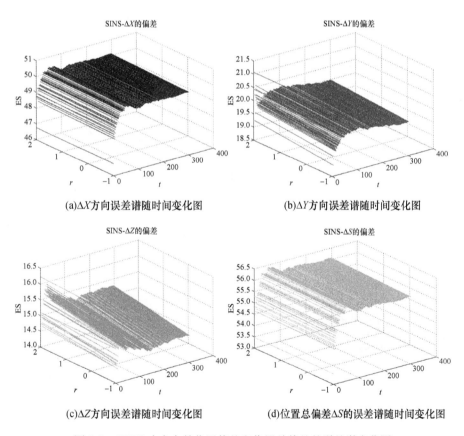

(a)ΔX方向误差谱随时间变化图

(b)ΔY方向误差谱随时间变化图

(c)ΔZ方向误差谱随时间变化图

(d)位置总偏差ΔS的误差谱随时间变化图

图 7.3 SINS3 个方向的位置偏差和位置总偏差的误差谱变化图

为了表征 SINS 的性能,下面分别定义速度和位置偏差的总误差:

$$\begin{cases} \Delta V = \sqrt{(\Delta V_x)^2 + (\Delta V_y)^2 + (\Delta V_z)^2} \\ \Delta S = \sqrt{(\Delta X)^2 + (\Delta Y)^2 + (\Delta Z)^2} \end{cases} \quad (7.61)$$

进一步得到对应的总体偏差误差谱变化图,如图 7.2(d) 和图 7.3(d) 所示。

由图 7.2 和图 7.3 可知:

(1)误差谱曲线表征了任意时刻 SINS 的导航精度。

(2)随着时间的变化,误差谱曲线由低变高最终趋于稳定,可见 SINS 的性能受时间的影响比较大,需要实时进行修正。下面评估 SINS/BDSNS 组合导航的精度。

7.4.2 SINS/BDSNS 组合导航精度评估

假设 BDSNS 中某 4 颗卫星的坐标位置(单位 km)分别为(550,720,20080)、(850,1030,20200)、(1000,800,20120)、(1300,600,18020);仿真弹道中的参数与 SINS 导航精度评估的参数一致。δR_s、v_u 和 δR_t 满足均值都为零,标准差分别为 2m、1m 和 3m 的高斯白噪声。令初始时间偏差为 5ns,实时修正对应的 300 个时刻的定位误差,SINS/BDSNS 组合导航位置偏差的误差谱曲线如图 7.4 所示。

为比较 SINS/BDSNS 与 SINS 的性能,下面采用增强误差谱度量比较两种制导系统的性能,如图 7.5 所示。

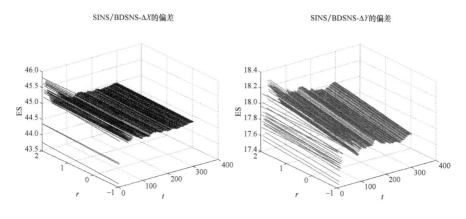

(a)ΔX方向误差谱随时间变化图　　(b)ΔY方向误差谱随时间变化图

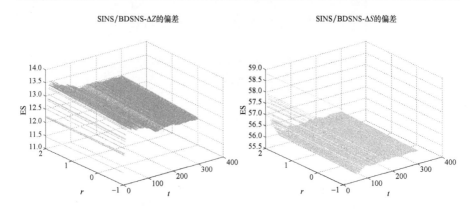

(c) ΔZ方向误差谱随时间变化图   (d)位置总偏差ΔS的误差谱随时间变化图

图 7.4 SINS/BDSNS 3 个方向的位置偏差和位置总偏差的误差谱变化图

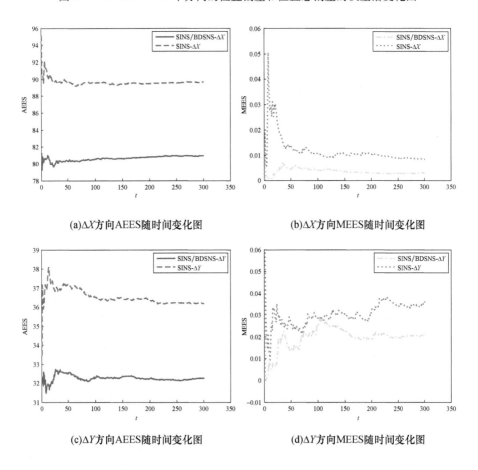

(a) ΔX方向AEES随时间变化图   (b) ΔX方向MEES随时间变化图

(c) ΔY方向AEES随时间变化图   (d) ΔY方向MEES随时间变化图

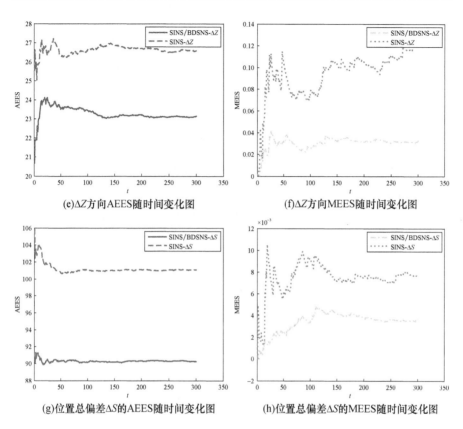

图 7.5 SINS/BDSNS 组合导航系统 3 个方向的位置偏差和位置总偏差的误差谱变化图

显然,由图 7.5 可得

$$\begin{aligned} \text{AEES}_{\Delta X}^{\text{SINS}} &> \text{AEES}_{\Delta X}^{\text{SINS/BDSNS}} \\ \text{AEES}_{\Delta Y}^{\text{SINS}} &> \text{AEES}_{\Delta Y}^{\text{SINS/BDSNS}} \\ \text{AEES}_{\Delta Z}^{\text{SINS}} &> \text{AEES}_{\Delta Z}^{\text{SINS/BDSNS}} \\ \text{AEES}_{\Delta S}^{\text{SINS}} &> \text{AEES}_{\Delta S}^{\text{SINS/BDSNS}} \end{aligned} \tag{7.62}$$

和

$$\begin{aligned} \text{MEES}_{\Delta X}^{\text{SINS}} &> \text{MEES}_{\Delta X}^{\text{SINS/BDSNS}} \\ \text{MEES}_{\Delta Y}^{\text{SINS}} &> \text{MEES}_{\Delta Y}^{\text{SINS/BDSNS}} \\ \text{MEES}_{\Delta Z}^{\text{SINS}} &> \text{MEES}_{\Delta Z}^{\text{SINS/BDSNS}} \\ \text{MEES}_{\Delta S}^{\text{SINS}} &> \text{MEES}_{\Delta S}^{\text{SINS/BDSNS}} \end{aligned} \tag{7.63}$$

即

$$\text{SINS/BDSNS} > \text{SINS} \tag{7.64}$$

可见,通过 BDSNS 实时修正位置后,SINS/BDSNS 的 ΔX、ΔY、ΔZ 和 ΔS 都明显小于 SINS。因此,SINS/BDSNS 的性能比 SINS 好,评估结果与实际一致。

7.5　本章小结

本章提出了基于增强误差谱的空地导弹系统导航精度评估方法。首先分析了 SINS 的工具误差;然后分析了 BDSNS 的系统误差;最后通过计算增强误差谱分析了 SINS/BDSNS 组合导航系统与 SINS 的性能。仿真研究表明:基于增强误差谱的空地导弹系统导航精度评估方法能实时地对导航精度进行评估。

第8章 基于PF理论的空地导弹系统性能评估

8.1 引　　言

导弹系统性能评估是应用科学的分析方法和先进的计算工具,真实、客观、可靠和合理地评估导弹系统性能的好坏,为导弹系统的论证、设计研制、装备部署和作战使用提供决策依据。目前,导弹系统性能评估方法主要有AHP法[19]、模糊AHP法[65]、模糊算术运算法[86]、模糊数排序法[85,219]、ADC法[16]、TOPSIS法[220]和ELECTRE法[21]等。

但上述方法在应用中仍然存在一些问题,例如,AHP法中比较、判断、结果均较粗糙,难以适合精度要求高的评估问题;ADC法对于维数较多的大型系统评价比较困难等。因此,本章提出一种基于误差谱和PF理论的空地导弹系统性能评估方法。首先,建立空地导弹系统性能评估指标体系;其次,以空地导弹系统命中精度和制导系统中的导航精度为例,将前4章所提出的一系列误差谱度量新方法应用到这两个精度指标评估中,提出基于误差谱的空地导弹系统命中精度评估方法和基于增强误差谱的空地导弹系统导航精度评估方法;然后,利用上述评估结果,将误差谱理论与PF理论相结合,提出一种基于PF理论的空地导弹系统性能评估方法。

8.2 空地导弹系统性能评估指标体系

导弹系统性能评估是研制和开发导弹系统的关键环节,也是评定其战术性能和作战效能的重要一环[202,205]。

8.2.1 空地导弹系统性能影响因素分析

影响空地导弹系统性能的因素主要包括飞行性能、制导能力、命中精度、威力、杀伤概率、生存能力、突防能力、可靠性、使用维护性能和战场环境[1]。

导弹飞行性能主要是指导弹的运动特性,即射程、速度和飞行高度。其中射程是指导弹正常飞行条件下,其发射点至命中点或落点之间的距离,分为最大射程和最小射程。根据作战目的,每一型导弹都有一个最大射程和最小射程,因此每一型导弹都有一个射程范围。速度特性是指导弹的飞行速度随时间的变化规律以及速度特征量(包括速度方向、最大速度、平均速度、加速度和速度比等)。速度特性确定后,导弹的飞行速度范围、飞行时间、射程和高度都可确定。导弹的飞行高度是指导弹在飞行中与水平面的距离,不同的导弹飞行的高度也不同。

导弹制导能力主要指导弹的中制导能力、中末制导交班能力及末制导能力。对于中远程的空地导弹和巡航导弹来说,制导能力主要指空地导弹中制导段的导航精度和末制导精度,本章主要利用第7章基于增强误差谱的空地导弹系统导航精度的评估结果。

导弹命中精度是表征空地导弹系统性能的一个重要的综合指标。导弹的命中精度评估主要探究导弹弹头的落点与目标点的散布特性。导弹的命中精度是对目标命中能力的度量,也是导弹系统重要的战术技术指标。

导弹威力是指导弹命中目标后,毁伤目标的能力;而杀伤概率是指导弹各子系统正常工作下命中并杀伤目标的概率。

导弹生存能力是指导弹遭受敌火力攻击后仍能保存自己、摧毁目标的能力。导弹突防能力是指导弹突防过程中,飞跃敌方防御系统后仍能维持其飞行性能的能力。

导弹可靠性是指按设计要求正确完成作战任务的概率。它是衡量导弹作战性能的一个重要的综合指标,主要取决于导弹系统设计、生产中采取技术的可靠程度以及操作人员的能力。

导弹使用维护性能主要包括运输与维护性能和操作使用性能,其中运输与维护性能是指空地导弹系统及零部件具备运输方便和易于维护的性能;操作使用性能是指空地导弹系统的发射准备时间长短和操作程序难易程度。

战场环境是指导弹系统作战使用中能够适应战场的气象环境、地理环境和电磁环境。

8.2.2　确定空地导弹系统性能评估指标体系构建原则

空地导弹系统性能评估指标体系应全面科学地反映空地导弹系统的性能。空地导弹系统性能评估指标体系越完整,空地导弹系统性能评估的结

第 8 章 基于 PF 理论的空地导弹系统性能评估

果就越客观、公正。但是空地导弹系统性能评估指标体系中指标太多,会增加空地导弹系统性能评估的计算复杂度和评估难度。可见,并不是指标越多越好,应该科学地筛选关键的指标。美国加利福尼亚大学的 Keeney 和哈佛大学的 Raiff 教授提出建立指标体系时需满足 5 个基本原则,即完整性、可运算性、可分解性、无冗余性和极小性[221]。因此,在构建空地导弹系统性能评估指标体系时应遵循以下原则:

(1) 准确性。准确性是指空地导弹系统性能评估指标体系能准确反映空地导弹系统的性能。空地导弹系统性能评估指标体系中的指标要层次清晰,内涵明确,同层次的指标之间尽可能地满足不重叠、不交叉和不矛盾。可见,空地导弹系统性能评估指标既要准确地反映和刻画空地导弹系统性能的特征,又要求真实、客观公正地体现空地导弹系统性能,为一线的指战员提供科学决策的依据。

(2) 完整性。完整性是指空地导弹系统性能评估指标构成的指标体系应能较全面地描述空地导弹系统的性能。但完整性,并不要求空地导弹系统性能评估指标体系体现空地导弹系统的全部特征,指标体系太多会导致评估的难度增大。

(3) 易操作性。易操作性是指空地导弹系统性能评估指标要满足计算要求。对于定量的指标要能够容易地给出定量的计算结果。对于定性的指标要能够通过数学方法或试验测试法将其转换为定量的指标,这样才能保证空地导弹系统性能评估结果的科学性。

综上所述,空地导弹系统性能评估的指标体系如图 8.1 所示。

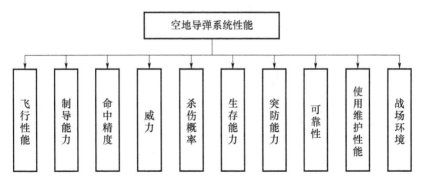

图 8.1 空地导弹系统性能评估指标体系

建立空地导弹系统性能评估指标体系后,下面需对该评估指标体系中的单个指标进行评估。考虑篇幅限制及各个单项指标评估步骤及方法的相似性,我们选取最具代表性的两项指标即命中精度和制导系统中的导航精度进行评估,其他可转化为误差的性能指标可按该方法进行类似评估。

在空地导弹系统命中精度评估中,常用的命中精度指标不稳健,易受粗值影响,因此这里提出一种基于误差谱的空地导弹系统命中精度评估方法。

8.3 构建空地导弹系统性能属性矩阵

获得空地导弹系统性能的其他指标评估结果后,根据式(6.22)可以得到空地导弹系统性能属性矩阵。记空地导弹系统性能的各项指标为飞行性能(MFP)、制导能力(MGC)、命中精度(MHA)、威力(MP)、毁伤概率(DP)、生存能力(MS)、突防能力(MPC)、可靠性(MR)、使用维护性能(UM)和战场环境(BFE),假设有个 N 类型的导弹,则空地导弹系统性能属性矩阵为

$$\boldsymbol{A}^{\mathrm{MSP}} = \begin{bmatrix} \mathrm{MFP}_1 & \mathrm{MFP}_2 & \cdots & \mathrm{MFP}_N \\ \mathrm{MGC}_1 & \mathrm{MGC}_2 & \cdots & \mathrm{MGC}_N \\ \mathrm{MHA}_1 & \mathrm{MHA}_2 & \cdots & \mathrm{MHA}_N \\ \mathrm{MP}_1 & \mathrm{MP}_2 & \cdots & \mathrm{MP}_N \\ \mathrm{DP}_1 & \mathrm{DP}_2 & \cdots & \mathrm{DP}_N \\ \mathrm{MS}_1 & \mathrm{MS}_2 & \cdots & \mathrm{MS}_N \\ \mathrm{MPC}_1 & \mathrm{MPC}_2 & \cdots & \mathrm{MPC}_N \\ \mathrm{MR}_1 & \mathrm{MR}_2 & \cdots & \mathrm{MR}_N \\ \mathrm{UM}_1 & \mathrm{UM}_2 & \cdots & \mathrm{UM}_N \\ \mathrm{BFE}_1 & \mathrm{BFE}_2 & \cdots & \mathrm{BFE}_N \end{bmatrix} \quad (8.1)$$

8.4 计算空地导弹系统性能竞争属性矩阵

类似于式(6.16),比较空地导弹系统性能属性矩阵中任意两列元素,即

$$m_{\mathrm{MSPC}}(j,k;\boldsymbol{A}_{i(j,k)}^{\mathrm{MSP}}) = \begin{cases} 1 & (\boldsymbol{A}_{ij}^{\mathrm{MSP}} > \boldsymbol{A}_{ik}^{\mathrm{MSP}}) \\ 0.5 & (\boldsymbol{A}_{ij}^{\mathrm{MSP}} = \boldsymbol{A}_{ik}^{\mathrm{MSP}}) \\ 0 & (\boldsymbol{A}_{ik}^{\mathrm{MSP}} < \boldsymbol{A}_{ij}^{\mathrm{MSP}}) \end{cases} \quad (8.2)$$

式中: $m_{\mathrm{MSPC}}(j,k;\boldsymbol{A}_{i(j,k)}^{\mathrm{MSP}}) = 1$ 时,表明 $\boldsymbol{A}_{ij}^{\mathrm{MSP}}$ 好于 $\boldsymbol{A}_{ik}^{\mathrm{MSP}}$,并不是 $\boldsymbol{A}_{ij}^{\mathrm{MSP}}$ 的值大于或者小于 $\boldsymbol{A}_{ik}^{\mathrm{MSP}}$。例如,假设导弹1与导弹2的威力满足 $\mathrm{MP}_1 > \mathrm{MP}_2$,则 $m_{\mathrm{MSPC}}(1,2;$

第8章 基于PF理论的空地导弹系统性能评估

$A_{4(1,2)}^{\mathrm{MSP}}) = 1$。

当导弹1与导弹2的命中精度满足$\mathrm{MHA}_1 > \mathrm{MHA}_2$时,则$m_{\mathrm{MSPC}}(1,2;A_{3(1,2)}^{\mathrm{MSP}}) = 0$,因为MHA值越小,表示命中精度越高。

同理,根据式(8.3)计算所有空地导弹系统性能指标的比较结果:

$$M_{\mathrm{MSPC}}(j,k;A_{(j,k)}^{\mathrm{MSP}}) = \frac{1}{N}\sum_{i=1}^{N} m_{\mathrm{MSPC}}(j,k;A_{i(j,k)}^{\mathrm{MSP}}) \tag{8.3}$$

显然$M_{\mathrm{MSPC}}(j,k;A_{(j,k)}^{\mathrm{MSP}})$仍然满足:

$$M_{\mathrm{MSPC}}(j,k;A_{(j,k)}^{\mathrm{MSP}}) + M_{\mathrm{MSPC}}(k,j;A_{(k,j)}^{\mathrm{MSP}}) = 1 \tag{8.4}$$

进一步得到空地导弹系统性能竞争属性矩阵:

$$X_{\mathrm{MSP}} = \begin{bmatrix} M_{\mathrm{MSPC}}(1,1;A_{1(1,1)}^{\mathrm{MSP}}) & \cdots & M_{\mathrm{MSPC}}(1,N;A_{1(1,N)}^{\mathrm{MSP}}) \\ \vdots & & \vdots \\ M_{\mathrm{MSPC}}(N,1;A_{N(N,1)}^{\mathrm{MSP}}) & \cdots & M_{\mathrm{MSPC}}(N,N;A_{(N)(N,N)}^{\mathrm{MSP}}) \end{bmatrix} \tag{8.5}$$

8.5 计算空地导弹系统性能竞争属性矩阵的特征值

计算空地导弹系统性能竞争属性矩阵的特征向量:

$$X_{\mathrm{MSPC}} \cdot \mathrm{Eig}_{1\times(N)} = \lambda \cdot \mathrm{Eig}_{1\times(N)} \tag{8.6}$$

进而得到空地导弹系统性能的评估结果。

8.6 基于PF理论的空地导弹系统性能评估实例验证

为了说明上述导弹系统性能评估方法的正确性,下面选取6型第四代中远程空地导弹进行评估,这6型导弹的性能参数如表8.1所列。

表8.1 6型第四代中远程空地导弹的性能参数[222],[223]

性能指标	美国			法国	英国	德瑞
	SLAM(远程)	AGM-84E	AGM-158	APACHE-AP	"飞马座"	KEPD350
$R_{\max}$/km	300	95	277.8	140	250	350
$V_{\max}$(马赫数)	亚声速	0.75	>0.8	0.9	>0.8	0.8
P_{zd}	惯导+GPS+凝视焦平面红外成像	惯导+GPS+红外成像	INS/GPS(SAASM模块)+HR	惯导+雷达相关+高度相关+MMW	惯导+GPS+地形测量+红外成像	GPS/INS+红外成像(自动识别跟踪)

续表

性能指标	美国			法国	英国	德瑞
	SLAM(远程)	AGM-84E	AGM-158	APACHE-AP	"飞马座"	KEPD350
P_{mz}/m	CEP<1	CEP<3	CEP<1~3	CEP<10	CEP<1~3	CEP<1~3
P_{wl}/kg	355	320	432	10枚KRISS	250	500
P_{ss}	0.80	0.70	0.85	0.85	0.80	0.85
P_{sc}	0.75	0.80	0.75	0.60	0.60	0.70
P_{tf}	好	好	好	较好	较好	好
P_{kc}	0.85	0.75	0.80	0.80	0.80	0.75
P_{sy}	好	好	好	较好	较好	好
P_{hj}	好	较好	较好	一般	一般	较好

其中表 8.1 中的性能参数分别为：飞行性能（最大射程 R_{max} 和最大速度 V_{max}）制导方式 P_{zd}、命中精度 P_{mz}、战斗部威力 P_{wl}、杀伤概率 P_{ss}、生存能力 P_{sc}、突防能力 P_{tf}、可靠性 P_{kc}、使用维护性能 P_{sy} 和环境适应能力 P_{hj}。

将表 8.1 中性能参数值整理成下式：

$$A^{MSP} = \begin{bmatrix} R_{max}^{KEPD350} > R_{max}^{SLAM} > R_{max}^{AGM-158} > R_{max}^{"飞马座"} > R_{max}^{APACHE-AP} > R_{max}^{AGM-84E} \\ V_{max}^{SLAM} > V_{max}^{APACHE-AP} > V_{max}^{"飞马座"} = V_{max}^{AGM-158} > V_{max}^{KEPD350} > V_{max}^{AGM-84E} \\ P_{zd}^{SLAM} > P_{zd}^{AGM-158} = P_{zd}^{KEPD350} = P_{zd}^{"飞马座"} > P_{zd}^{AGM-84E} > P_{zd}^{APACHE-AP} \\ P_{mz}^{SLAM} > P_{mz}^{AGM-158} = P_{mz}^{KEPD350} = P_{mz}^{"飞马座"} > P_{mz}^{AGM-84E} > P_{mz}^{APACHE-AP} \\ P_{wl}^{KEPD350} > P_{wl}^{APACHE-AP} > P_{wl}^{SLAM} > P_{wl}^{AGM-84E} > P_{wl}^{"飞马座"} \\ P_{ss}^{KEPD350} = P_{ss}^{AGM-158} = P_{ss}^{APACHE-AP} > P_{ss}^{SLAM} = P_{ss}^{"飞马座"} > P_{ss}^{AGM-84E} \\ P_{sc}^{AGM-84E} > P_{sc}^{SLAM} = P_{sc}^{AGM-158} > P_{sc}^{KEPD350} > P_{sc}^{"飞马座"} = P_{sc}^{APACHE-AP} \\ P_{tf}^{KEPD350} = P_{tf}^{SLAM} = P_{tf}^{AGM-158} = P_{tf}^{AGM-84E} > P_{tf}^{"飞马座"} = P_{tf}^{APACHE-AP} \\ P_{kc}^{SLAM} > P_{kc}^{AGM-158} = P_{kc}^{"飞马座"} = P_{kc}^{APACHE-AP} > P_{kc}^{AGM-84E} = P_{kc}^{KEPD350} \\ P_{sy}^{SLAM} = P_{sy}^{AGM-158} = P_{sy}^{AGM-84E} = P_{sy}^{KEPD350} > P_{sy}^{"飞马座"} = P_{sy}^{APACHE-AP} \\ P_{hj}^{SLAM} > P_{hj}^{AGM-158} = P_{hj}^{AGM-84E} = P_{hj}^{KEPD350} > P_{hj}^{"飞马座"} = P_{hj}^{APACHE-AP} \end{bmatrix}$$

由 A^{MSP} 可得矩阵 X_{MSP}。需要注意的是：比较矩阵 A^{MSP} 中的元素与比较式 (6.23) 矩阵中的元素有区别，因为式 (6.23) 矩阵中的元素都表示误差，因此误差越小越好。而矩阵 A^{MSP} 中的元素每一行都代表不同的指标,有的指标值越大越好,有的指标值则越小越好。因此可得矩阵 X_{MSP}:

$$X_{MSP} = \begin{bmatrix} 0.5 & 0.8182 & 0.6818 & 0.8182 & 0.9545 & 0.6364 \\ 0.1818 & 0.5 & 0.2273 & 0.5455 & 0.5 & 0.3182 \\ 0.3182 & 0.7727 & 0.5 & 0.8182 & 0.8636 & 0.5909 \\ 0.1818 & 0.4545 & 0.1818 & 0.5 & 0.5 & 0.2273 \\ 0.0455 & 0.5 & 0.1364 & 0.5 & 0.5 & 0.2727 \\ 0.3636 & 0.6818 & 0.4091 & 0.7727 & 0.7273 & 0.5 \end{bmatrix}$$

(8.7)

进而求得 X_{MSP} 的特征向量为

$$\text{Eig} = \begin{bmatrix} 0.2574 & 0.1236 & 0.2163 & 0.1093 & 0.0979 & 0.1955 \end{bmatrix}$$

(8.8)

显然

$$\text{Eig}^{SLAM} > \text{Eig}^{AGM-158} > \text{Eig}^{KEPD350} > \text{Eig}^{AGM-84E} > \text{Eig}^{APACHE-AP} > \text{Eig}^{飞马座}$$

(8.9)

因此得到 6 型导弹系统的性能排序为

$$\text{SLAM} > \text{AGM}-158 > \text{KEPD350} > \text{AGM}-84\text{E} > \text{APACHE}-\text{AP} > 飞马座$$

(8.10)

可见,导弹 SLAM 的性能最优,这与实际结果相符[85],因此这里提出的空地导弹系统性能评估的方法正确有效。

8.7 本章小结

本章提出了基于误差谱和 PF 理论的导弹系统性能评估方法。首先计算单个指标的评估结果,然后利用基于 PF 理论的排序法对空地导弹系统的性能进行了评估。最后实例验证表明:基于误差谱和 PF 理论的导弹系统性能评估方法正确有效。

第9章 基于排序向量和雷达图法的空地导弹系统性能评估

9.1 引 言

雷达图法是一种多属性决策的评估方法[224]。该方法操作简单,评价结果直观。雷达图法与上述评估方法相比,既能够直观地反映被估对象整体性能的优劣,又能给出被估对象单项指标的好坏[225]。因此,为解决上述两个难题,下面提出一种基于误差谱和雷达图法的空地导弹系统性能评估方法。首先,根据第8章的分析结果,得到空地导弹系统性能评估指标体系。其次,基于上述空地导弹系统性能评估指标体系,构造空地导弹系统的雷达云图。然后,通过提取空地导弹系统雷达云图的扇形面积特征进而解决传统雷达图法中因指标排序不同导致评价结果不确定的问题,进一步,利用上述雷达图中提取的扇形面积特征和弧长特征设计空地导弹系统性能评估模型。最后,通过实例验证基于误差谱和雷达图法的空地导弹系统性能评估方法的正确性和合理性。

9.2 空地导弹系统性能评估指标归一化方法

假设有 M_{KD} 个空地导弹系统 $A_1, A_2, \cdots, A_{M_{KD}}$,选取 N_{ZB} 个评价指标 $C_1, C_2, \cdots, C_{N_{ZB}}$,令 x_{ij} 为第 i 个对象 A_i 对应第 j 个指标 C_j 下的指标值($i = 1, 2, \cdots, M_{KD}, j = 1, 2, \cdots, N_{ZB}$,),则空地导弹系统性能指标原始数据矩阵为

$$S = \begin{array}{c} \\ A_1 \\ A_2 \\ \vdots \\ A_{M_{KD}} \end{array} \begin{array}{cccc} C_1 & C_2 & \cdots & C_{N_{KD}} \\ \begin{bmatrix} x_{11} & x_{12} & \cdots & x_{1N_{KD}} \\ x_{21} & x_{22} & \cdots & x_{2N_{KD}} \\ \vdots & \vdots & & \vdots \\ x_{M_{KD}1} & x_{M_{KD}2} & \cdots & x_{M_{KD}N_{KD}} \end{bmatrix} \end{array} \quad (9.1)$$

常用的规范化处理的方法主要有极值归一化方法[17]、均值归一化方法[226]、标准归一化方法和向量规范归一化方法[227]。本章采用极值归一化,因为该归一化方法应用最广泛,且具备许多优良的性质。

令$\max\limits_i\{x_{ij}\}_{i=1}^m$和$\min\limits_i\{x_{ij}\}_{i=1}^m$分别为$m$个评估对象中第$j$项指标的最大值和最小值,则对于效益型指标,归一化公式为

$$r_{ij}^{\mathrm{e}} = \frac{x_{ij} - \min\limits_i\{x_{ij}\}_{i=1}^{M_{\mathrm{KD}}}}{\max\limits_i\{x_{ij}\}_{i=1}^{M_{\mathrm{KD}}} - \min\limits_i\{x_{ij}\}_{i=1}^{M_{\mathrm{KD}}}} \tag{9.2}$$

而对于成本型指标,有

$$r_{ij}^{\mathrm{e}} = \frac{\max\limits_i\{x_{ij}\}_{i=1}^{M_{\mathrm{KD}}} - x_{ij}}{\max\limits_i\{x_{ij}\}_{i=1}^{M_{\mathrm{KD}}} - \min\limits_i\{x_{ij}\}_{i=1}^{M_{\mathrm{KD}}}} \tag{9.3}$$

由式(9.2)可知,极值归一化方法满足如下性质:

(1) 保序性,即归一化后的指标r_{ij}^{e}与原有指标x_{ij}的序一致。

证明:令r_{lj}^{e}和r_{kj}^{e}分别为x_{lj}和x_{kj}归一化后的指标,且$l,k=1,2,\cdots,m$,保序性是指当$x_{lj} \geq x_{kj}$时,有$r_{lj}^{\mathrm{e}} \geq r_{kj}^{\mathrm{e}}$。

根据式(9.2),得

$$r_{lj}^{\mathrm{e}} - r_{kj}^{\mathrm{e}} = \frac{x_{lj} - \min\limits_i\{x_{ij}\}_{i=1}^{M_{\mathrm{KD}}}}{\max\limits_i\{x_{ij}\}_{i=1}^{M_{\mathrm{KD}}} - \min\limits_i\{x_{ij}\}_{i=1}^{M_{\mathrm{KD}}}} - \frac{x_{kj} - \min\limits_i\{x_{ij}\}_{i=1}^{M_{\mathrm{KD}}}}{\max\limits_i\{x_{ij}\}_{i=1}^{M_{\mathrm{KD}}} - \min\limits_i\{x_{ij}\}_{i=1}^{M_{\mathrm{KD}}}}$$

$$= \frac{x_{lj} - x_{kj}}{\max\limits_i\{x_{ij}\}_{i=1}^{M_{\mathrm{KD}}} - \min\limits_i\{x_{ij}\}_{i=1}^{M_{\mathrm{KD}}}} \geq 0$$

即$r_{lj}^{\mathrm{e}} \geq r_{kj}^{\mathrm{e}}$。

同理,对于成本型指标,当$x_{lj} \geq x_{kj}$时,则x_{kj}要优于x_{lj},归一化后应满足$r_{lj}^{\mathrm{e}} \leq r_{kj}^{\mathrm{e}}$。由式(9.3),得

$$r_{lj}^{\mathrm{e}} - r_{kj}^{\mathrm{e}} = \frac{\max\limits_i\{x_{ij}\}_{i=1}^{M_{\mathrm{KD}}} - x_{lj}}{\max\limits_i\{x_{ij}\}_{i=1}^{M_{\mathrm{KD}}} - \min\limits_i\{x_{ij}\}_{i=1}^{M_{\mathrm{KD}}}} - \frac{\max\limits_i\{x_{ij}\}_{i=1}^{M_{\mathrm{KD}}} - x_{kj}}{\max\limits_i\{x_{ij}\}_{i=1}^{M_{\mathrm{KD}}} - \min\limits_i\{x_{ij}\}_{i=1}^{M_{\mathrm{KD}}}}$$

$$= \frac{x_{kj} - x_{lj}}{\max\limits_i\{x_{ij}\}_{i=1}^{M_{\mathrm{KD}}} - \min\limits_i\{x_{ij}\}_{i=1}^{M_{\mathrm{KD}}}} \leq 0$$

即$r_{lj}^{\mathrm{e}} \leq r_{kj}^{\mathrm{e}}$,证毕。

(2) 等比性,即

$$\frac{r_{lj}^e - \bar{r}_j}{r_{kj}^e - \bar{r}_j} = \frac{x_{lj} - \bar{x}_j}{x_{kj} - \bar{x}_j} \tag{9.4}$$

式中:$r_{lj}^e, r_{kj}^e, \bar{r}_j$ 分别为 $x_{lj}, x_{kj}, \bar{x}_j$ 归一化后的指标,且 $l,k = 1,2,\cdots,m$,$\bar{x}_j = \sum_{i=1}^{m} x_{ij}$。

证明: 对于效益型指标,由式(9.2),得

$$\begin{cases} r_{lj}^e = \dfrac{x_{lj} - \min\limits_{i}\{x_{ij}\}_{i=1}^{M_{KD}}}{\max\limits_{i}\{x_{ij}\}_{i=1}^{M_{KD}} - \min\limits_{i}\{x_{ij}\}_{i=1}^{M_{KD}}} \\[2ex] r_{kj}^e = \dfrac{x_{kj} - \min\limits_{i}\{x_{ij}\}_{i=1}^{M_{KD}}}{\max\limits_{i}\{x_{ij}\}_{i=1}^{M_{KD}} - \min\limits_{i}\{x_{ij}\}_{i=1}^{M_{KD}}} \\[2ex] \bar{r}_j = \dfrac{\bar{x}_j - \min\limits_{i}\{x_{ij}\}_{i=1}^{M_{KD}}}{\max\limits_{i}\{x_{ij}\}_{i=1}^{M_{KD}} - \min\limits_{i}\{x_{ij}\}_{i=1}^{M_{KD}}} \end{cases} \tag{9.5}$$

将式(9.5)代入式(9.4)的左边可得

$$\frac{r_{lj}^e - \bar{r}_j}{r_{kj}^e - \bar{r}_j} = \frac{\dfrac{x_{lj} - \min\limits_{i}\{x_{ij}\}_{i=1}^{M_{KD}}}{\max\limits_{i}\{x_{ij}\}_{i=1}^{M_{KD}} - \min\limits_{i}\{x_{ij}\}_{i=1}^{M_{KD}}} - \dfrac{\bar{x}_j - \min\limits_{i}\{x_{ij}\}_{i=1}^{M_{KD}}}{\max\limits_{i}\{x_{ij}\}_{i=1}^{M_{KD}} - \min\limits_{i}\{x_{ij}\}_{i=1}^{M_{KD}}}}{\dfrac{x_{kj} - \min\limits_{i}\{x_{ij}\}_{i=1}^{M_{KD}}}{\max\limits_{i}\{x_{ij}\}_{i=1}^{M_{KD}} - \min\limits_{i}\{x_{ij}\}_{i=1}^{M_{KD}}} - \dfrac{\bar{x}_j - \min\limits_{i}\{x_{ij}\}_{i=1}^{M_{KD}}}{\max\limits_{i}\{x_{ij}\}_{i=1}^{M_{KD}} - \min\limits_{i}\{x_{ij}\}_{i=1}^{M_{KD}}}} = \frac{x_{lj} - \bar{x}_j}{x_{kj} - \bar{x}_j}$$

同理对于成本型指标,由式(9.3),得

$$\begin{cases} r_{lj}^e = \dfrac{\max\limits_{i}\{x_{ij}\}_{i=1}^{M_{KD}} - x_{lj}}{\max\limits_{i}\{x_{ij}\}_{i=1}^{M_{KD}} - \min\limits_{i}\{x_{ij}\}_{i=1}^{M_{KD}}} \\[2ex] r_{kj}^e = \dfrac{\max\limits_{i}\{x_{ij}\}_{i=1}^{M_{KD}} - x_{kj}}{\max\limits_{i}\{x_{ij}\}_{i=1}^{M_{KD}} - \min\limits_{i}\{x_{ij}\}_{i=1}^{M_{KD}}} \\[2ex] \bar{r}_j = \dfrac{\max\limits_{i}\{x_{ij}\}_{i=1}^{M_{KD}} - \bar{x}_j}{\max\limits_{i}\{x_{ij}\}_{i=1}^{M_{KD}} - \min\limits_{i}\{x_{ij}\}_{i=1}^{M_{KD}}} \end{cases} \tag{9.6}$$

进一步将式(9.6)代入式(9.4)的左边可得

$$\frac{r_{lj}^e - \bar{r}_j}{r_{kj}^e - \bar{r}_j} = \frac{\dfrac{\max\limits_{i}\{x_{ij}\}_{i=1}^{M_{KD}} - x_{lj}}{\max\limits_{i}\{x_{ij}\}_{i=1}^{M_{KD}} - \min\limits_{i}\{x_{ij}\}_{i=1}^{M_{KD}}} - \dfrac{\max\limits_{i}\{x_{ij}\}_{i=1}^{M_{KD}} - \bar{x}_j}{\max\limits_{i}\{x_{ij}\}_{i=1}^{M_{KD}} - \min\limits_{i}\{x_{ij}\}_{i=1}^{M_{KD}}}}{\dfrac{\max\limits_{i}\{x_{ij}\}_{i=1}^{M_{KD}} - x_{kj}}{\max\limits_{i}\{x_{ij}\}_{i=1}^{M_{KD}} - \min\limits_{i}\{x_{ij}\}_{i=1}^{M_{KD}}} - \dfrac{\max\limits_{i}\{x_{ij}\}_{i=1}^{M_{KD}} - \bar{x}_j}{\max\limits_{i}\{x_{ij}\}_{i=1}^{M_{KD}} - \min\limits_{i}\{x_{ij}\}_{i=1}^{M_{KD}}}}$$

$$= \frac{\bar{x}_j - x_{lj}}{\bar{x}_j - x_{kj}} = \frac{x_{lj} - \bar{x}_j}{x_{kj} - \bar{x}_j}$$

证毕。

(3) 位置不变性。对任意的常数 c, 令 r_{ij}^e 为 x_{ij} 归一化后的指标, $\{x_{ij} + c\}$ 为 x_{ij} 进行位置平移后的指标,对其归一化的指标为 $r_{ij}^e\_c$,则有

$$r_{ij}^e\_c = r_{ij}^e \tag{9.7}$$

证明: 对于效益型指标,由式(9.2),得

$$r_{ij}^e\_c = \frac{(x_{ij} + c) - \min\limits_{i}\{x_{ij} + c\}_{i=1}^{M_{KD}}}{\max\limits_{i}\{x_{ij} + c\}_{i=1}^{M_{KD}} - \min\limits_{i}\{x_{ij} + c\}_{i=1}^{M_{KD}}}$$

$$= \frac{(x_{ij} + c) - (\min\limits_{i}\{x_{ij}\}_{i=1}^{M_{KD}} + c)}{(\max\limits_{i}\{x_{ij}\}_{i=1}^{M_{KD}} + c) - (\min\limits_{i}\{x_{ij}\}_{i=1}^{M_{KD}} + c)}$$

$$= \frac{x_{ij} - \min\limits_{i}\{x_{ij}\}_{i=1}^{M_{KD}}}{\max\limits_{i}\{x_{ij}\}_{i=1}^{M_{KD}} - \min\limits_{i}\{x_{ij}\}_{i=1}^{M_{KD}}} = r_{ij}^e$$

同理,对于成本型指标,由式(9.3),得

$$r_{ij}^e\_c = \frac{\max\limits_{i}\{x_{ij} + c\}_{i=1}^{M_{KD}} - (x_{ij} + c)}{\max\limits_{i}\{x_{ij} + c\}_{i=1}^{M_{KD}} - \min\limits_{i}\{x_{ij} + c\}_{i=1}^{M_{KD}}}$$

$$= \frac{\max\limits_{i}\{x_{ij}\}_{i=1}^{M_{KD}} - x_{ij}}{\max\limits_{i}\{x_{ij}\}_{i=1}^{M_{KD}} - \min\limits_{i}\{x_{ij}\}_{i=1}^{M_{KD}}} = r_{ij}^e$$

证毕。

(4) 尺度不变性。对任意非数 α, 令 r_{ij}^e 为 x_{ij} 归一化后的指标, αx_{ij} 为尺度变换后的指标,归一化的指标为 $r_{ij}^e\_\alpha$,则有

$$r_{ij}^e\_\alpha = \alpha r_{ij}^e \tag{9.8}$$

证明: 对于效益型指标,由式(9.2),得

$$r_{ij}^e\_\alpha = \frac{\alpha x_{ij} - \min\limits_{i}\{\alpha x_{ij}\}_{i=1}^{M_{KD}}}{\max\limits_{i}\{\alpha x_{ij}\}_{i=1}^{M_{KD}} - \min\limits_{i}\{\alpha x_{ij}\}_{i=1}^{M_{KD}}}$$

$$= \frac{x_{ij} - \min\limits_{i}\{x_{ij}\}_{i=1}^{M_{KD}}}{\max\limits_{i}\{x_{ij}\}_{i=1}^{M_{KD}} - \min\limits_{i}\{x_{ij}\}_{i=1}^{M_{KD}}} = r_{ij}^e$$

同理,对于成本型指标,由式(9.3),得

$$r_{ij}^e\_\alpha = \frac{\max\{\alpha x_{ij}\}_{i=1}^{M_{KD}} - \alpha x_{ij}}{\max\{\alpha x_{ij}\}_{i=1}^{M_{KD}} - \min\{\alpha x_{ij}\}_{i=1}^{M_{KD}}}$$

$$= \frac{\max\{x_{ij}\}_{i=1}^{M_{KD}} - x_{ij}}{\max\{x_{ij}\}_{i=1}^{M_{KD}} - \min\{x_{ij}\}_{i=1}^{M_{KD}}} = r_{ij}^e$$

证毕。

对空地导弹系统性能指标原始数据矩阵进行归一化得到标准化矩阵 S^*:

$$S^* = \begin{matrix} & \begin{matrix} C_1 & C_2 & \cdots & C_{N_{KD}} \end{matrix} \\ \begin{matrix} A_1 \\ A_2 \\ \vdots \\ A_{M_{KD}} \end{matrix} & \begin{bmatrix} r_{11}^e & r_{12}^e & \cdots & r_{1N_{KD}}^e \\ r_{21}^e & r_{22}^e & \cdots & r_{2N_{KD}}^e \\ \vdots & \vdots & & \vdots \\ r_{M_{KD}1}^e & r_{M_{KD}2}^e & \cdots & r_{M_{KD}N_{KD}}^e \end{bmatrix} \end{matrix} \quad (9.9)$$

9.3 基于排序向量法的空地导弹系统性能评估指标权重计算

排序向量法的思想可追溯到层次分析法的出现,自1970年层次分析法被提出以来,到如今仍被广泛应用。层次分析法的两个关键步骤是如何构造判断矩阵和如何从判断矩阵中求解排序权值。排序向量法就是用矩阵的特征向量来确定排序权值的一种方法。

近年来,文献[6]针对估计性能的排序问题,提出了基于属性竞争信息的排序向量法和基于属性合作信息的排序向量法。其中,基于属性竞争信息的排序向量法的最大优点是不需要对指标进行归一化,并且充分考虑了两两指标的竞争信息。而基于属性合作信息的排序向量法虽然需要对指标归一化,但是通过建立两两指标的合作信息矩阵,进而考虑指标间的联合信息。也就是说一个指标若能得到其他指标的支持,相应地就赋予较大的权重,即该指标体现了大部分指标的能力,需得到重视。下面根据上述排序方法的思想将基于属性竞争信息的排序向量法和基于属性合作信息的排序向量法应用于空地导弹系统性能评估指标的权重计算,提出一种基于排序向量法的空地导弹系统性能评估指标权重计算方法。

9.3.1　现有权重的计算方法分析

空地导弹系统性能评估指标的权重是指用来体现和反映空地导弹系统性能评估指标对评价结果贡献程度或重要程度的参数。指标权重的计算方法主要分成两种：第一种为主观赋权法，这种方法根据专家或决策者的经验、知识或偏好，按照重要程度对评价指标进行判断比较，进而得到各个指标的相对重要程度。第二种为客观赋权法，该方法主要通过评价指标的客观信息进行比较与计算，进而得到各个指标的相对重要程度。

目前，主观赋权法主要有专家打分法[228]、Delphi 法或专家调查法[229]-[231]、层次分析法[19]、模糊层次分析法[232]和排序向量法[103,233]。其中，专家打分法是指专家根据自身的知识和经验对指标进行打分和赋权的一种方法。该方法简单易行，但结果带有较强主观性。Delphi 法的基本思想是通过多次专家问卷调查，利用统计方法汇总和处理问卷调查，以期得到一个收敛的调查结果，最终计算指标权重的方法。Delphi 法因多次征询了专家意见，所以结果比专家打分法的精度高，但结果仍含有较强主观性。为了将主观信息客观化，层次分析法首先根据专家对指标的重要性程度和偏好性，通过两两比较的方式以及约定的标度进行量化。然后根据量化结果，构造判断矩阵。最终取通过一致性检验的特征向量为权重向量。该方法结果可靠，应用广泛，但是对于复杂系统，计算量较大。模糊层次分析法与层次分析法的主要区别是，模糊层次分析法利用模糊集中的隶属度对层次分析法中的判断矩阵再模糊化，最后将该模糊判断矩阵的特征向量作为各个指标的权重。该方法最大的优势是将不确定、模糊的信息量化，但是结果依赖于专家的经验知识。

客观赋权法的最大优点是权重的客观性强，主要有粗糙集理论[12]、因子分析法[234]、极大熵理论[235-236]和熵值法[237]。其中，因子分析法的主要思想是用少量的指标分析多指标之间的相互关系，进而得到各指标的相关矩阵，最后通过求解相关矩阵的特征向量，计算指标的权重。该方法得到的结果客观性强，但是权重系数的保序性较差。主成分分析法是指将多个指标综合成 N 个主成分，通过计算 N 个主成分的贡献率，确定各个指标的权重。该方法保留了主要的指标权重信息，但需要大量的统计数据作支撑。用极大熵理论确定权重的基本原理是建立被评对象与标准对象指标值之间的多目标模型，进而求解该多目标模型，最终得到各个指标的权重。该方法计算量较大，且需要大量数据的支撑。通过粗糙集理论计算指标权重就是用粗糙集理论的属性重要程度作为各个指标的权重。该方法处理不确定信息具有很大优势,但是权重系数仍然存在保序性问题。熵值法主要是通过计算指标间的离散程度确定权重,但是该方法因指标归一化方法不一,最终会导致指标权重不同。

纵观国内外权重计算的文献,我们发现单独使用主观或客观赋权方法会存在3个主要问题:第一是不同的赋权方法得到的权重系数不同,评估结果也不一致;第二是因人类认知的有限性和差异性,不同专家给出的结果存在差异性;第三是主观赋权法受主观因素的影响大、客观赋权法受客观数据的制约。为了克服上述单一赋权法的缺陷,通常采用组合赋权法确定各个指标的权重。例如,线性组合赋权法[238]、非线性组合赋权法[239]、基于权重向量集的组合赋权法[240-241]和基于方案向量集的组合赋权法[242]。虽然组合赋权法综合利用了单一赋权法的优势,但仍然存在一些问题值得研究。例如,如何合理选择融合主客观的方法仍然是组合赋权的热点问题;在赋权过程中如何考虑指标间相互信息仍然是作战效能评估中的热点问题。为此,我们提出基于排序向量法的空地导弹系统性能评估指标权重计算方法。

9.3.2 基于指标合作信息的空地导弹系统性能评估指标权重计算

为了考虑指标之间"相互支持"和"相互协作"的效能,即团队作战效能,基于指标合作信息的空地导弹系统性能评估指标权重计算的主要步骤如下:

1. 空地导弹系统性能评估指标归一化

由文献[243]可知,针对效益型指标,有

$$r_{ij}^* = x_{ij}/\max\{x_{ij}\}_{i=1}^{M_{\text{KD}}} \tag{9.10}$$

针对成本型指标,有

$$r_{ij}^* = \min\{x_{ij}\}_{i=1}^{M_{\text{KD}}}/x_{ij} \tag{9.11}$$

根据式(9.10)和式(9.11),可得空地导弹系统性能评估指标评价矩阵标准化后的矩阵 X^*:

$$X^* = \begin{matrix} & \begin{matrix} C_1 & C_2 & \cdots & C_{N_{\text{KD}}} \end{matrix} \\ \begin{matrix} A_1 \\ A_2 \\ \vdots \\ A_{M_{\text{KD}}} \end{matrix} & \begin{bmatrix} r_{11}^* & r_{12}^* & \cdots & r_{1N_{\text{KD}}}^* \\ r_{21}^* & r_{22}^* & \cdots & r_{2N_{\text{KD}}}^* \\ \vdots & \vdots & & \vdots \\ r_{M_{\text{KD}}1}^* & r_{M_{\text{KD}}2}^* & \cdots & r_{M_{\text{KD}}N_{\text{KD}}}^* \end{bmatrix} \end{matrix} \tag{9.12}$$

对空地导弹系统性能评估指标进行归一化后,下面采用相关系数计算指标间的合作信息,并构造基于相关系数的指标合作信息矩阵。

2. 基于相关系数的空地导弹系统性能评估指标合作信息矩阵构建

令空地导弹系统中第 l 项和第 k 项的指标数据分别为 $\boldsymbol{x}_l^e = [x_{1l}, x_{2l}, \cdots, x_{M_{KD}l}]^T$ 和 $\boldsymbol{x}_k^e = [x_{1k}, x_{2k}, \cdots, x_{M_{KD}l k}]^T$,归一化后的数据分别为 $\boldsymbol{r}_l^* = [r_{1l}, r_{2l}, \cdots, r_{M_{KD}}]^T$ 和 $\boldsymbol{r}_k^* = [r_{1k}, r_{2k}, \cdots, r_{M_{KD}}]^T$,则 $\boldsymbol{r}_l^*$ 与 $\boldsymbol{r}_k^*$ 的相关系数为

$$\rho(\boldsymbol{r}_l^*; \boldsymbol{r}_k^*) = \frac{\int f(r_{il}) f(r_{ik}) \mathrm{d}r_{lk}}{\left[\int f(r_{il})^2 \mathrm{d}r_{lk} \int f(r_{ik})^2 \mathrm{d}r_{lk}\right]^{1/2}} \tag{9.13}$$

式中:$f(r_{il})$、$f(r_{ik})$ 分别为 $\boldsymbol{r}_l^*$ 与 $\boldsymbol{r}_k^*$ 的概率密度函数。通常情况下在计算相关系数时,采用直方图函数代替概率密度函数,所以式(9.13)可变为

$$\rho(\boldsymbol{r}_l^*; \boldsymbol{r}_k^*) = \frac{\int f(r_{il}) f(r_{ik}) \mathrm{d}r_{lk}}{\left[\int f(r_{il})^2 \mathrm{d}r_{lk} \int f(r_{ik})^2 \mathrm{d}r_{lk}\right]^{1/2}} = \frac{\sum_{b=1}^{M_z} h(r_{bl}) h(r_{bk})}{\left[\sum_{b=1}^{M_z} h(r_{bl})^2 \sum_{b=1}^{M_z} h(r_{bk})^2\right]^{1/2}}$$
(9.14)

式中:$h(\cdot)$ 为等分间距为 $M_z(M_z \leq m)$ 的直方图函数;r_{zl},r_{zk} 分别为对应直方图中第 $b(b=1,2,\cdots,M_z)$ 个直方图的中心坐标。

由式(9.10)和式(9.11)可知,$r_{il}, r_{ik} \in [0,1]$,进而得到 $h(\cdot) > 0$,所以 $\rho(\boldsymbol{r}_l^*; \boldsymbol{r}_k^*)$ 满足 $0 \leq \rho(\boldsymbol{r}_l^*; \boldsymbol{r}_k^*) \leq 1$[244]。当 $\boldsymbol{r}_l^* = \boldsymbol{r}_k^*$ 时,$\rho(\boldsymbol{r}_l^*; \boldsymbol{r}_k^*) = 1$;当 $\boldsymbol{r}_l^* \neq \boldsymbol{r}_k^*$,$\rho(\boldsymbol{r}_l^*; \boldsymbol{r}_k^*) = 0$。

(1) 当 $M_z = M_{KD}$ 时,有

$$\rho(\boldsymbol{r}_l^*; \boldsymbol{r}_k^*) = \cos(\boldsymbol{r}_l^*, \boldsymbol{r}_k^*) = \frac{\boldsymbol{r}_l^* \cdot \boldsymbol{r}_k^*}{\|\boldsymbol{r}_l^*\| \cdot \|\boldsymbol{r}_k^*\|} = \frac{\sum_{z=1}^{m} r_{zl} r_{zk}}{\sqrt{\sum_{z=1}^{m} r_{zl}^2} \sqrt{\sum_{z=1}^{m} r_{zk}^2}}$$
(9.15)

式中:$\cos(\boldsymbol{r}_l^*, \boldsymbol{r}_k^*)$ 为 $\boldsymbol{r}_l^*$ 与 $\boldsymbol{r}_k^*$ 的余弦相似度;当 $\boldsymbol{r}_l^* = \boldsymbol{r}_k^*$ 时,有 $\cos(\boldsymbol{r}_l^*, \boldsymbol{r}_k^*) = 1$;当 $\boldsymbol{r}_l^* \cdot \boldsymbol{r}_k^* = 0$ 时,也就是 $\boldsymbol{r}_l^*$ 和 $\boldsymbol{r}_k^*$ 正交时,有 $\cos(\boldsymbol{r}_l^*, \boldsymbol{r}_k^*) = 0$。

(2) 由式(9.15),得
$$\cos(\boldsymbol{r}_l^*, \boldsymbol{r}_k^*) = \cos(\boldsymbol{r}_k^*, \boldsymbol{r}_l^*) \tag{9.16}$$

证明:(1) 当 $M_z = M_{KD}$ 时,有
$$\rho(\boldsymbol{r}_l^*;\boldsymbol{r}_k^*) = \frac{\sum_{z=1}^{M_z} h(r_{zl})h(r_{zk})}{\left[\sum_{z=1}^{M_z} h(r_{zl})^2 \sum_{z=1}^{M_z} h(r_{zk})^2\right]^{1/2}} = \frac{\sum_{z=1}^{M_{KD}} r_{zl}r_{zk}}{\sqrt{\sum_{z=1}^{M_{KD}} r_{zl}^2} \sqrt{\sum_{z=1}^{M_{KD}} r_{zk}^2}}$$
$$= \frac{\boldsymbol{r}_l^* \cdot \boldsymbol{r}_k^*}{\|\boldsymbol{r}_l^*\| \cdot \|\boldsymbol{r}_k^*\|} = \cos(\boldsymbol{r}_l^*, \boldsymbol{r}_k^*)$$

(2) 由式(9.16),得
$$\cos(\boldsymbol{r}_l^*, \boldsymbol{r}_k^*) = \frac{\sum_{z=1}^{M_{KD}} r_{zl}r_{zk}}{\sqrt{\sum_{z=1}^{M_{KD}} r_{zl}^2} \sqrt{\sum_{z=1}^{M_{KD}} r_{zk}^2}} = \frac{\sum_{z=1}^{M_{KD}} r_{zk}r_{zl}}{\sqrt{\sum_{z=1}^{M_{KD}} r_{zk}^2} \sqrt{\sum_{z=1}^{M_{KD}} r_{zl}^2}} = \cos(\boldsymbol{r}_k^*, \boldsymbol{r}_l^*)$$

证毕。

进一步建立基于相关系数的指标合作信息矩阵:
$$\boldsymbol{R} = \begin{bmatrix} \rho(\boldsymbol{r}_1^*;\boldsymbol{r}_1^*) & \cdots & \rho(\boldsymbol{r}_1^*;\boldsymbol{r}_m^*) \\ \vdots & & \vdots \\ \rho(\boldsymbol{r}_m^*;\boldsymbol{r}_1^*) & \cdots & \rho(\boldsymbol{r}_m^*;\boldsymbol{r}_m^*) \end{bmatrix} \tag{9.17}$$

显然,$\boldsymbol{R}$ 中考虑了所有指标间的两两相似度,并且指标合作信息矩阵 $\boldsymbol{R}$ 第 j 行表示其他指标对第 j 个指标的支持程度,即第 j 个指标与其他指标相互合作后产生的效能[6,38,104]。此处,为了保证基于相关系数的指标合作信息矩阵为正矩阵,针对当 $\boldsymbol{r}_l^* \neq \boldsymbol{r}_k^*$ 时,即 $\boldsymbol{r}_l^*$ 和 $\boldsymbol{r}_k^*$ 不相干,$\rho(\boldsymbol{r}_l^*;\boldsymbol{r}_k^*) = 0$ 的情况,令 $\rho(\boldsymbol{r}_l^*;\boldsymbol{r}_k^*) = 0.0001$。

此外,将式(9.15)代入式(9.17)可得基于余弦相似度的指标合作信息矩阵[6]:
$$\boldsymbol{R} = \begin{bmatrix} \cos(\boldsymbol{r}_1^e;\boldsymbol{r}_1^e) & \cdots & \cos(\boldsymbol{r}_1^e;\boldsymbol{r}_m^e) \\ \vdots & & \vdots \\ \cos(\boldsymbol{r}_m^e;\boldsymbol{r}_1^e) & \cdots & \cos(\boldsymbol{r}_m^e;\boldsymbol{r}_m^e) \end{bmatrix} \tag{9.18}$$

进一步在式(9.18)中,$\rho(\boldsymbol{r}_j^*;\boldsymbol{r}_j^*) = 1$ 表示指标对自身的支持程度。当被估系统数量较大时,可选用 $\rho(\boldsymbol{r}_l^*;\boldsymbol{r}_k^*)$ 构造指标合作信息矩阵;而当被估系统数量较小时,选用 $\cos(\boldsymbol{r}_l^*, \boldsymbol{r}_k^*)$ 构造指标合作信息矩阵。

3. 求解基于相关系数的指标合作信息矩阵的特征向量

由式(9.17)可知,$\rho(r_l^*;r_k^*)$ 越大,则说明第 k 项指标对第 l 项指标的支持度越大,则第 l 项指标则越可信,自然地第 l 项指标则应当赋予较大权重。根据文献[6]可知,矩阵 R 的最大特征值对应的特征向量反映了指标的可信程度,即指标的权重,所以指标权重的计算就转化为求解指标合作信息矩阵的特征向量:

$$RW^R = \lambda^R W^R \qquad (9.19)$$

由文献[209-215]可知,PF 定理如下:

(1) 对于任意的正矩阵 $R \gg 0$,存在唯一的一个标准化的特征向量 $W^R = (w_1^R, w_2^R, \cdots, w_m^R)\left(\parallel W^R \parallel = \sum_{j}^{n} w_j^R = 1\right)$ 且所有元素都大于零。

(2) 标准化的特征向量 W 对应的特征值 λ^R 为正的最大特征值。

因此,由 PF 定理得到

$$W^R = [w_1^R, w_2^R, \cdots, w_m^R] \qquad (9.20)$$

存在且唯一。

综上所述,当给定指标的数据集时,基于指标合作信息的空地导弹系统性能评估指标方法可以给出唯一的权重计算结果。并且,该方法通过计算指标间的相似度,考虑了指标之间"相互支持"和"相互协作"的效能,即团队作战效能。但是在实际的评估中,有时还需考虑指标间的竞争信息,即指标个体的"积极奋进"和"出类拔萃"的效能,就是单兵作战效能。因此,本章提出基于指标竞争信息的空地导弹系统性能评估指标权重计算方法。

9.3.3 基于指标竞争信息的空地导弹系统性能评估指标权重计算

为了综合考虑指标个体的"积极奋进"和"出类拔萃"的效能,即单兵作战效能,基于指标竞争信息的空地导弹系统性能评估指标的权重计算主要步骤如下:

1. 建立空地导弹系统性能评估指标矩阵

为了保证同一系统不同指标的可比性,在考虑指标竞争信息时,仍需对指标进行归一化,本章仍采用极值归一化方法,同时可得归一化后的空地导弹系统性能评估指标矩阵为

第9章 基于排序向量和雷达图法的空地导弹系统性能评估

$$S^* = \begin{matrix} \\ A_1 \\ A_2 \\ \vdots \\ A_{M_{\text{KD}}} \end{matrix} \begin{matrix} C_1 & C_2 & \cdots & C_{N_{\text{KD}}} \\ \begin{bmatrix} r_{11}^{\text{e}} & r_{12}^{\text{e}} & \cdots & r_{1N_{\text{KD}}}^{\text{e}} \\ r_{21}^{\text{e}} & r_{22}^{\text{e}} & \cdots & r_{2N_{\text{KD}}}^{\text{e}} \\ \vdots & \vdots & & \vdots \\ r_{M_{\text{KD}}1}^{\text{e}} & r_{M_{\text{KD}}2}^{\text{e}} & \cdots & r_{M_{\text{KD}}N_{\text{KD}}}^{\text{e}} \end{bmatrix} \end{matrix} \quad (9.21)$$

2. 基于PCM的指标竞争信息矩阵构建

根据空地导弹系统性能评估指标矩阵,构建空地导弹系统性能评估指标竞争信息矩阵需要用到层次分析法中标度的思想[243]。标度就是把定性指标转化为定量指标的一种方法,常见的标度方法有:1-9标度法[19]、0-1标度法[102,245]、0-2标度法[246]、指数标度法[247]、$(1+S)^{1/2}$标度法[248]和根号标度法[249]。本章采用文献[102]中提出的皮氏接近准则或者皮氏接近度(PCM),它是一种利用概率或频率来比较性能好坏的方法。其基本原理是:若被评系统与另一被评系统相比,接近真实情况的概率或频率大于50%,则前者性能较好,具体的定义为:用$m(C_l,C_k:A_i)$表示第i个被估系统第l项指标与第k项指标的比较结果[6,102]:

$$m(C_l,C_k:A_i) = \begin{cases} 1 & (r_{il}^{\text{e}} > r_{ik}^{\text{e}}) \\ 0.5 & (r_{il}^{\text{e}} = r_{ik}^{\text{e}}) \\ 0 & (r_{il}^{\text{e}} < r_{ik}^{\text{e}}) \end{cases} \quad (9.22)$$

其中,当$m(C_l,C_k:A_i)=1$时,表示第i个被估系统的第l项指标优于第k项指标;同理当$m(C_l,C_k:A_i)=0$时,表示第i个被估系统的第l项指标劣于第k项指标;此外当$m(C_l,C_k:A_i)=0.5$时,表示第i个被估系统的第l项指标与第k项指标不相上下。

根据式(2.13)可得n个被估系统的指标C_l与指标C_k的比较结果,即

$$m(C_l,C_k:A_1 \to A_n) = \frac{1}{n}\sum_{i=1}^{n} m(C_l,C_k:A_i) \quad (9.23)$$

并且

$$m(C_l,C_k:A_1 \to A_n) + m(C_k,C_l:A_1 \to A_n) = 1 \quad (9.24)$$

当$l=k$时,$m(C_l,C_k:A_1 \to A_n)=0.5$,表示$n$个被估系统的指标$C_l$与自身比较的结果。根据式(2.14),当$m(C_l,C_k:A_1 \to A_n)>0.5$时,认为$n$个被估系统中的指标$C_l$优于指标$C_k$,当$m(C_l,C_k:A_1 \to A_n)<0.5$时,认为$n$个被

估系统中的指标 C_k 优于指标 C_l。

最后,根据式(2.13)和式(2.14),整理所有指标之间的比较结果得到基于指标竞争信息的矩阵 $\boldsymbol{M}_c$

$$\boldsymbol{M}_c = \begin{bmatrix} m(C_1,C_1:A_1 \to A_n) & \cdots & m(C_1,C_m:A_1 \to A_n) \\ \vdots & & \vdots \\ m(C_m,C_1:A_1 \to A_n) & \cdots & m(C_m,C_m:A_1 \to A_n) \end{bmatrix} \quad (9.25)$$

显然,$\boldsymbol{M}_c$ 具备以下性质:

(1) $\boldsymbol{M}_c$ 是模糊矩阵。

(2) $\boldsymbol{M}_c$ 是模糊互补矩阵。

(3) 对 $\boldsymbol{M}_c$ 进行如下变换

$$m*(C_l,C_k:A_1 \to A_n) = \frac{\sum_{j=1}^{m} m(C_l,C_j:A_1 \to A_n) - \sum_{j=1}^{m} m(C_k,C_j:A_1 \to A_n)}{2m} + 0.5 \quad (9.26)$$

得到的矩阵 $\boldsymbol{M}_c^*$ 是模糊一致矩阵。

证明:

(1) 因为 $0 \leqslant m(C_l,C_k:A_1 \to A_n) \leqslant 1$,所以 $\boldsymbol{M}_c$ 是模糊矩阵[250]。

(2) 由 $m(C_l,C_k:A_1 \to A_n) + m(C_k,C_l:A_1 \to A_n) = 1$ 可得,$\boldsymbol{M}_c$ 是模糊互补矩阵[250]。

(3) 变换式(9.26),得

$$m*(C_k,C_l:A_1 \to A_n) = \frac{\sum_{j=1}^{m} m(C_k,C_j:A_1 \to A_n) - \sum_{j=1}^{m} m(C_l,C_j:A_1 \to A_n)}{2m} + 0.5 \quad (9.27)$$

将式(9.26)和式(9.27)相加可得:矩阵 $\boldsymbol{M}_c^*$ 是模糊一致矩阵[250],证毕。

由上可知,基于 PCM 构建指标的竞争信息矩阵主要利用了同一系统两两指标相互比较的结果。进一步当针对同一被评系统中给出不同指标间的排序结果时,即

$$C_1^A > C_2^A > C_3^A > C_4^A \quad (9.28)$$

式中:$C_1^A > C_2^A$ 表示系统 A 中的指标 C_1 比指标 C_2 更加重要。本章将式(9.28)称为偏好信息。

同理,若得到同一系统不同指标的定性结果时,即

第9章　基于排序向量和雷达图法的空地导弹系统性能评估

$$\begin{array}{cccc} C_1^A & C_2^A & C_3^A & C_4^A \\ 很好 & 好 & 一般 & 差 \end{array} \tag{9.29}$$

本章将式(9.29)称为模糊信息。针对式(9.28)和式(9.29),采用 PCM 准则,仍然可以得到指标的竞争信息矩阵[6, 102]。

3. 求解指标竞争信息矩阵的特征向量

同样地,为了保证基于 PCM 的指标竞争信息矩阵 M_c 为正矩阵,针对当 $m(C_l, C_k : A_1 \to A_n) = 0$ 时,令 $m(C_l, C_k : A_1 \to A_n) = 0.0001$,进一步根据 Banach 不动点原理文献[210,215]和 PF 理论[209],正矩阵 M_c 则存在唯一的特征向量:

$$M_c \cdot W^{M_c} = \lambda^{M_c} \cdot W^{M_c} \tag{9.30}$$

即

$$W^{M_c} = [w_1^{M_c}, w_2^{M_c}, \cdots, w_m^{M_c}] \tag{9.31}$$

存在且唯一。

9.3.4　基于排序向量法计算空地导弹系统性能评估指标的权重

由9.3.2节和9.3.3节可知,基于指标合作信息计算得到的权重综合考虑了指标之间"相互支持"和"相互协作"的效能,即团队作战效能。而基于指标竞争信息计算得到的权重综合考虑了指标个体的"积极奋进"和"出类拔萃"的效能,即单兵作战效能。两种方法都综合考虑了指标权重的两方面重要信息。

为了综合考虑这两种方法确定的权重,提出基于排序向量法的空地导弹系统性能评估指标权重计算方法。

1. 构建权向量矩阵

根据式(9.20)和式(9.31)可得权向量矩阵为[251]

$$W_0 = [(W^R)^T, (W^{M_c})^T] = \begin{bmatrix} w_1^R & w_2^R & \cdots & w_m^R \\ w_1^{M_c} & w_2^{M_c} & \cdots & w_m^{M_c} \end{bmatrix}_{2 \times m}^T \tag{9.32}$$

2. 建立组合权向量模型

组合权向量不仅要考虑权重影响,还需考虑空地导弹系统性能评估矩阵的影响。因此,令组合权向量为 W,则组合权向量的模型为[251]

$$W = W_0 Y = \begin{bmatrix} w_1^R & w_1^{M_c} \\ w_2^R & w_2^{M_c} \\ \vdots & \vdots \\ w_m^R & w_m^{M_c} \end{bmatrix} \begin{bmatrix} y_1 \\ y_2 \end{bmatrix} \tag{9.33}$$

式中:$Y_{2\times1}$为需要求解的列向量,且满足

$$Y^T Y = 1$$

3. 求解空地导弹系统性能评估指标权重的组合权向量模型

下面采用多目标规划的思想求解$Y_{m\times1}$,假设得到组合权向量W,则空地导弹系统性能为

$$E_c(Y) = W^T Z^* = (W_0 Y)^T Z^* \qquad (9.34)$$

式中:Z^*为空地导弹系统性能评估原始矩阵。我们希望空地导弹系统的作战效能越大越好,建立如下多目标规划模型[251]

$$\max_Y \{E_c(Y)\} = \max_Y \{[(W_0 Y)^T Z^*]\}$$
$$\text{s.t.} \quad Y^T Y = 1 \qquad (9.35)$$

在无先验条件下,同等对待n个被估对象[251],则式(9.35)转换为等权的平方和函数,即

$$\max_Y \{E_c^T(Y) E_c(Y)\} = \max_Y \{[(W_0 Y)^T Z^*]^T [(W_0 Y)^T Z^*]\}$$
$$\text{s.t.} \quad Y^T Y = 1$$
$$(9.36)$$

根据文献[251-252]得到$\max_Y \{E_c^T(Y) E_c(Y)\}$的最大值存在,并且等于矩阵$(Z^{*T} W_0)^T (Z^{*T} W_0)$的最大特征根$\lambda_{max}$,即

$$\begin{cases} \max_Y \{E_c^T(Y) E_c(Y)\} = \lambda_{max} \\ [(Z^{*T} W_0)^T (Z^{*T} W_0)] Y_{max} = \lambda_{max} Y_{max} \end{cases} \qquad (9.37)$$

式中,λ_{max},Y_{max}分别为矩阵的最大特征值及其特征向量。进一步由文献[216]可得,λ_{max}唯一以及Y_{max}为正向量。

4. 输出基于排序向量法的空地导弹系统性能评估指标权重

将式(9.37)中的结果代入式(9.33),得

$$W = W_0 Y_{max} \qquad (9.38)$$

对其归一化得基于排序向量法的空地导弹系统性能评估指标权重:

$$W^* = W/e^T W \qquad (9.39)$$

式中

$$e^T = [1,\cdots,1]^T \qquad (9.40)$$

综上所述,得到基于排序向量法的空地导弹系统性能评估指标权重计算流程如图9.1所示。进一步基于排序向量法的空地导弹系统性能评估指

标权重计算伪代码如表 9.1 所列。

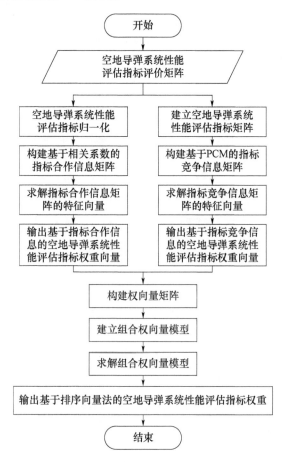

图 9.1　基于排序向量法的空地导弹系统性能评估指标权重计算流程

表 9.1　基于排序向量法的空地导弹系统性能评估指标权重计算伪代码

输入参数：空地导弹系统性能评估指标评价矩阵 X 输出结果：空地导弹系统性能评估指标的权重：W^*，W^R 和 W^{M_c}
步骤 2：基于指标合作信息的空地导弹系统性能指标权重计算： 　　(1) 对指标评价矩阵 X 进行归一化得到 X^*。 　　(2) 构建基于相关系数的指标合作信息矩阵 R。 　　(3) 求解基于相关系数的指标合作信息矩阵的特征向量 W^R。 步骤 3：基于指标竞争信息的空地导弹系统性能评估指标权重计算： 　　(1) 根据指标评价矩阵 X 构建基于 PCM 的指标竞争信息矩阵 M_c。

续表

(2)求解指标竞争信息矩阵的特征向量 W^{M_C}。

步骤4:基于排序向量法计算空地导弹系统性能评估指标的权重:

(1)构建权向量矩阵: $W_0 = [W^R, W^{M_C}]^T$。

(2)建立空地导弹系统性能评估指标权重的组合权向量模型: $W = W_0 Y$。

(3)求解空地导弹系统性能评估指标权重的组合权向量模型,计算 $(Z^{*T}W_0)^T$ $(Z^{*T}W_0)$ 的最大特征值对应的特征向量 $Y_{\max}$。

(4)输出基于排序向量法的空地导弹系统性能评估指标权重: $W = W_0 Y_{\max}$,并对其归一化得到: $W^* = W/e^T W$。

9.4 构造空地导弹系统性能评估的雷达云图

9.4.1 雷达图的基本原理

假设被评的空地导弹系统有 n 个评价指标,传统雷达图的绘制方法是首先作一个圆,将其等分为 n 个扇形区域,每个扇形区域的角度是 $\alpha = 2\pi/n$,指标轴为扇形区域的半径;然后把指标值按比例计算后在指标轴上标出每一个点,按照顺序连接指标轴上的所有点即可得出评价雷达图。

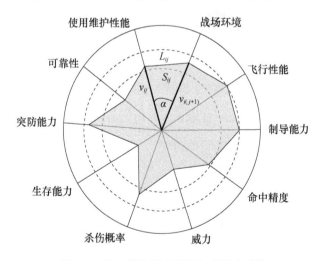

图9.2 基于传统雷达图的空地导弹系统

9.4.2 绘制空地导弹系统性能雷达图

根据上述评估指标和雷达图法的特点,得到绘制空地导弹系统性能雷达图的步骤如下:

1. 将指标权重转换为雷达图中指标的夹角

根据 9.3.4 节计算得到空地导弹系统性能评估指标的权重 $\boldsymbol{W}^*$,按下式将该权重依次转换为雷达图中各个指标对应的夹角

$$\boldsymbol{\alpha} = 2\pi \boldsymbol{W}^* \tag{9.41}$$

进一步以 O 为圆心绘圆。根据评估指标的数量 n,按照各个指标对应的夹角对圆进行划分。

2. 在数轴上标定各个指标归一化后的数值

针对效益型指标,有

$$r_{ij}^* = x_{ij}/\max\{x_{ij}\}_{i=1}^{M_{\mathrm{KD}}} \tag{9.42}$$

针对成本型指标,有

$$r_{ij}^* = \min\{x_{ij}\}_{i=1}^{M_{\mathrm{KD}}}/x_{ij} \tag{9.43}$$

归一化后得到

$$\boldsymbol{X}^* = \begin{array}{c} \\ A_1 \\ A_2 \\ \vdots \\ A_{M_{\mathrm{KD}}} \end{array} \begin{array}{cccc} C_1 & C_2 & \cdots & C_{N_{\mathrm{KD}}} \end{array} \\ \begin{bmatrix} r_{11}^* & r_{12}^* & \cdots & r_{1N_{\mathrm{KD}}}^* \\ r_{21}^* & r_{22}^* & \cdots & r_{2N_{\mathrm{KD}}}^* \\ \vdots & \vdots & & \vdots \\ r_{M_{\mathrm{KD}}1}^* & r_{M_{\mathrm{KD}}2}^* & \cdots & r_{M_{\mathrm{KD}}N_{\mathrm{KD}}}^* \end{bmatrix} \tag{9.44}$$

3. 绘制空地导弹性能指标对应的扇形面积

如图 9.3 所示,首先以 OC_1 为起始坐标轴,顺时针绘制对应指标的坐标轴,即空地导弹系统的飞行性能(MFP)、命中精度(MHA)、威力(MP)、毁伤概率(DP)、生存能力(MS)、突防能力(MPC)、可靠性(MR)、使用维护性能(UM)、战场环境(BFE)和制导能力(MGC)。然后在对应指标的坐标轴上标定归一化后的指标值 $\{r_{ij}^*\}_{j=1}^{N_{\mathrm{KD}}=10}$。最后以指标值 $\{r_{ij}^*\}_{j=1}^{N_{\mathrm{KD}}=10}$ 为半径,依次绘制空地导弹系统性能指标对应的扇形面积。

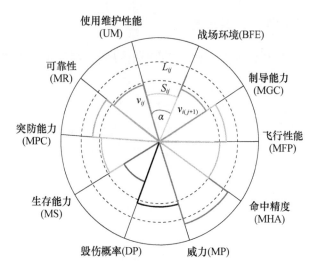

图 9.3 基于改进雷达图的空地导弹系统

得到空地导弹系统的雷达图后,下面提取空地导弹系统雷达图的特征参数,以期构建空地导弹系统性能评估模型。

9.5 空地导弹系统性能评估模型

9.5.1 空地导弹系统性能雷达图特征提取

如图 9.2 所示,假设第 i 个待评的空地导弹系统性能的雷达图面积为 S_i,周长为 L_i,则

$$\begin{cases} S_i = \sum_{j=1}^{n} (v_{ij}v_{i(j+1)}\sin\alpha)/2 \\ L_i = \sum_{j=1}^{n} \sqrt{v_{ij}^2 + v_{i(j+1)}^2 - 2v_{ij}v_{i(j+1)}\cos\alpha} \end{cases} \quad (9.45)$$

式中:v_{ij} 为第 i 个待评的空地导弹系统性能的第 j 个单项指标规范化后的值。

由于指标排列的顺序不同,雷达的面积 S_i、周长 L_i 可能不唯一。为了保证评估结果的唯一性,这里采用图 9.3 中雷达图的扇形面积和扇形的弧长。

$$\begin{cases} S_{ij}^s = \pi v_{ij}^2/n \\ L_{ij}^s = 2\pi v_{ij}/n \end{cases} \quad (9.46)$$

式中:S_{ij}^s,L_{ij}^s分别为第i个待评空地导弹系统性能的第j个单项指标对应的扇形面积和扇形弧长。

进一步分别构造度量空地导弹系统性能整体作战效能的指标和各单项指标均衡程度的指标:

$$\begin{cases} S_i^s = \dfrac{S_i}{\max\{S_i\}} = \dfrac{\sum\limits_{j=1}^{n} \pi v_{ij}^2/n}{\max\left\{\sum\limits_{j=1}^{n} \pi v_{ij}^2/n\right\}_{i=1}^{m}} \\ L_i^s = \dfrac{L_i}{2\pi\sqrt{S_i/\pi}} = \dfrac{\sum\limits_{j=1}^{n} 2\pi v_{ij}/n}{2\pi\sqrt{\sum\limits_{j=1}^{n} v_{ij}^2/n}} \end{cases} \quad (9.47)$$

式中:$S_i = \sum\limits_{j=1}^{n} \pi v_{ij}^2/n$ 表示第i个系统所有单项指标对应的扇形面积之和。$L_i = \sum\limits_{j=1}^{n} 2\pi v_{ij}/n$ 表示第i个系统所有单项指标对应的扇形弧长之和。显然,S_i^s用于度量待评空地导弹系统性能的系统效能;L_i^s用于评估待评空地导弹系统性能各单项指标的均衡程度。并且,S_i^s和L_i^s能唯一确定。

9.5.2 构造空地导弹系统性能评估模型

在空地导弹系统性能作战效能评估中,需要综合评价系统的作战效能和系统各个单项指标的均衡程度,因此构造如下评价模型:

$$E = f(S_i^s, L_i^s) \quad (9.48)$$

上述问题可转化成一个双目标的优化问题[243],多目标转化为单目标的方法有很多,本文采用加权和法和加权乘积法。

利用加权和法,得

$$E^A = f(S_i^s, L_i^s) = \omega_1 S_i^s + \omega_2 L_i^s \quad (9.49)$$

式中:$\omega_k(k=1,2)$为对应的权重,满足$\sum\limits_{k=1}^{2} \omega_k = 1$,一般由评估者根据实际情况设定。

同理,利用几何平均法,得

$$E^M = f(S_i^s, L_i^s) = \sqrt{S_i^s \times L_i^s} \quad (9.50)$$

由式(9.49)和式(9.50)可知,通过式(9.49)计算 E^A 需要给定权重 ω_k, $k=1,2$,而式(9.50)则不需要,进一步可知式(9.50)中隐含着 S_i^s 和 L_i^s 的权重相等,即 $\omega_1 = \omega_2$。

但式(9.50)中可避免因 S_i^s 和 L_i^s 的变化导致评估结果剧变,从而保证评估结果的稳定性[243]。下面利用式(9.49)和式(9.50)评估空地导弹系统性能的作战效能。

9.6 实例验证

根据表 8.1 中的数据,分别选取 6 型第四代中远程空地导弹进行评估,即 SLAM(远程)、AGM-84E、AGM-158、APACHE-AP、"飞马座"和 KEPD350,对应导弹的性能指标数据如表 9.2 所列。

表 9.2 6 型中远程空地导弹的数据

性能指标	美国			法国	英国	德瑞
	SLAM(远程)	AGM-84E	AGM-158	APACHE-AP	"飞马座"	KEPD350
R_{max}/km	300	95	277.8	140	250	350
V_{max}(马赫数)	亚声速	0.75	>0.8	0.9	>0.8	0.8
P_{wl}/kg	355	320	432	10 枚 KRISS	250	500
P_{ss}	0.80	0.70	0.85	0.85	0.80	0.85
P_{sc}	0.75	0.80	0.75	0.60	0.60	0.70
P_{kc}	0.85	0.75	0.80	0.80	0.80	0.75
P_{mz}/m	CEP<1	CEP<3	CEP<1~3	CEP<10	CEP<1~3	CEP<1~3
P_{tf}	好	好	好	较好	较好	好
P_{sy}	好	好	好	较好	较好	好
P_{hj}	好	较好	较好	一般	一般	较好
P_{zd}	惯导+GPS+凝视焦平面红外成像	惯导+GPS+红外成像	INS/GPS(SAASM 模块)+HR	惯导+雷达相关+高度相关+MMW	惯导+GPS+地形测量+红外成像	GPS/INS+红外成像(自动识别跟踪)

根据式(9.42)和式(9.43)对导弹的数据进行归一化,结果如表 9.3 所列。

第9章 基于排序向量和雷达图法的空地导弹系统性能评估

表9.3 6型中远程空地导弹数据归一化值

性能指标	美国			法国	英国	德瑞
	SLAM(远程)	AGM-84E	AGM-158	APACHE-AP	"飞马座"	KEPD350
R_{max}	0.8571	0.2714	0.7937	0.4000	0.7143	1.0000
V_{max}	1.0000	0.7895	0.8947	0.9474	0.8974	0.8421
P_{wl}	0.7100	0.6400	0.8640	0.8000	0.5000	1.0000
P_{ss}	0.9412	0.8235	1.0000	1.0000	0.9412	1.0000
P_{sc}	0.9375	1.0000	0.9375	0.7500	0.7500	0.8750
P_{kc}	1.0000	0.8824	0.9412	0.9412	0.9412	0.8824
P_{mz}	1.0000	1.0000	1.0000	0.9375	0.9375	1.0000
P_{tf}	1.0000	1.0000	1.0000	0.9375	0.9375	1.0000
P_{sy}	1.0000	0.9735	0.9375	0.8750	0.8750	0.9375
P_{hj}	1.0000	0.8824	0.9412	0.8235	0.9412	0.9412
P_{zd}	1.0000	0.3200	0.4000	0.1600	0.3200	0.3200

由9.3.2节和9.3.4节内容可知：

$$W^* = [0.0620, 0.1115, 0.0655, 0.1110, 0.0710,$$
$$0.1013, 0.1187, 0.1187, 0.0883, 0.0984, 0.0535] \quad (9.51)$$

根据9.4节内容,利用 MATLAB 软件绘制得到6型空地导弹系统性能的传统雷达图评价结果,如图9.4所示。

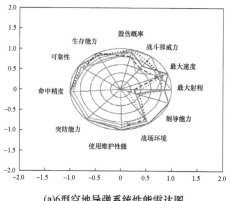

(a) 6型空地导弹系统性能雷达图

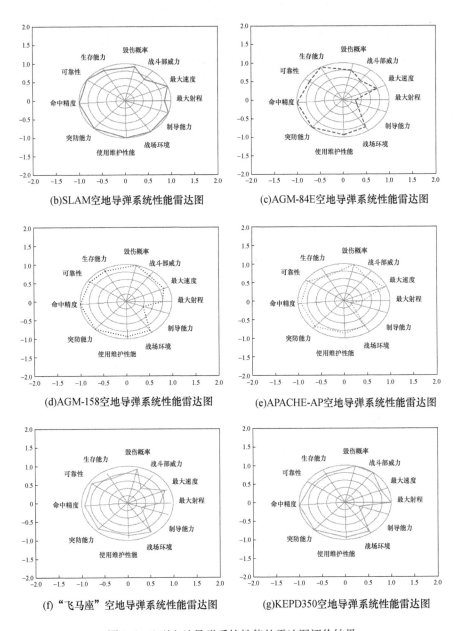

图 9.4　6 型空地导弹系统性能的雷达图评价结果

进一步得到 6 型空地导弹系统性能的新的雷达图评价结果,如图 9.5 所示。

第9章 基于排序向量和雷达图法的空地导弹系统性能评估

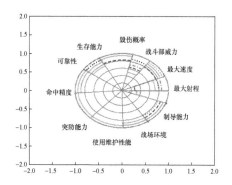

(a) 6型空地导弹系统性能新的雷达图

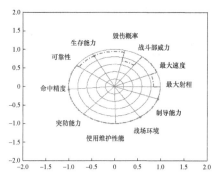

(b) SLAM空地导弹系统性能新雷达图

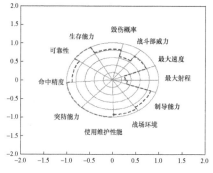

(c) AGM-84E空地导弹系统性能新雷达图

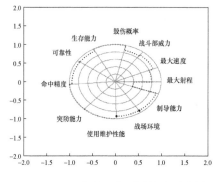

(d) AGM-158空地导弹系统性能新雷达图

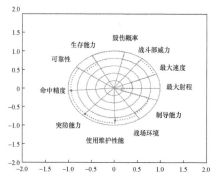

(e) APACHE-AP空地导弹系统性能新雷达图

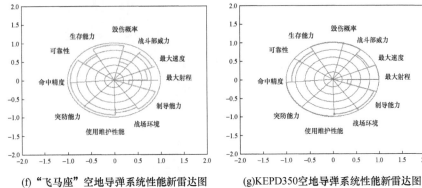

(f) "飞马座"空地导弹系统性能新雷达图　　(g) KEPD350空地导弹系统性能新雷达图

图 9.5　6 型空地导弹系统性能新的雷达图评价结果

由图 9.4(a)和图 9.5(a)可以直观地看出各型空地导弹系统性能各单项指标的优劣。例如,从工作可靠性和战斗部当量可以得出:

$$\begin{cases} R_{\max}^{\text{KEPD350}} > R_{\max}^{\text{AGM-158}} > R_{\max}^{\text{APACHE-AP}} > R_{\max}^{\text{AGM-84E}} \\ P_{\text{wl}}^{\text{KEPD350}} > P_{\text{wl}}^{\text{AGM-158}} > P_{\text{wl}}^{\text{AGM-84E}} > P_{\text{wl}}^{\text{APACHE-AP}} \end{cases} \quad (9.52)$$

为了评估 6 型空地导弹系统性能,将表 9.3 中的数据代入式(9.34),得

$$\begin{cases} S^{\text{SLAM}} = 1.0008 \\ S^{\text{AGM-84E}} = 0.6057 \\ S^{\text{AGM-158}} = 0.8452 \\ S^{\text{APACHE-AP}} = 0.5862 \\ S^{\text{“飞马座”}} = 0.7858 \\ S^{\text{KEPD350}} = 0.8369 \end{cases} \quad (9.53)$$

和

$$\begin{cases} L^{\text{SLAM}} = 0.1051 \\ L^{\text{AGM-84E}} = 0.0956 \\ L^{\text{AGM-158}} = 0.1025 \\ L^{\text{APACHE-AP}} = 0.0937 \\ L^{\text{“飞马座”}} = 0.1001 \\ L^{\text{KEPD350}} = 0.1007 \end{cases} \quad (9.54)$$

第9章 基于排序向量和雷达图法的空地导弹系统性能评估

进一步将式(9.53)和式(9.54)代入式(9.50),得

$$\begin{cases} E_{\text{SLAM}}^{\text{M}} = 0.3244 \\ E_{\text{AGM-84E}}^{\text{M}} = 0.2406 \\ E_{\text{AGM-158}}^{\text{M}} = 0.2938 \\ E_{\text{APACHE-AP}}^{\text{M}} = 0.2344 \\ E_{\text{"飞马座"}}^{\text{M}} = 0.2756 \\ E_{\text{KEPD350}}^{\text{M}} = 0.2903 \end{cases} \quad (9.55)$$

当然,如果取 $\omega_1 = \omega_2 = 0.5$ 时,将式(9.53)和式(9.54)代入式(9.49),得

$$\begin{cases} E_{\text{SLAM}}^{\text{A}} = 0.5530 \\ E_{\text{AGM-84E}}^{\text{A}} = 0.3506 \\ E_{\text{AGM-158}}^{\text{A}} = 0.4725 \\ E_{\text{APACHE-AP}}^{\text{A}} = 0.3400 \\ E_{\text{"飞马座"}}^{\text{A}} = 0.4293 \\ E_{\text{KEPD350}}^{\text{A}} = 0.4688 \end{cases} \quad (9.56)$$

因此,综合分析式(9.55)和式(9.56),可得

$$\begin{cases} E_{\text{SLAM}}^{\text{M}} > E_{\text{AGM-158}}^{\text{M}} > E_{\text{KEPD350}}^{\text{M}} > E_{\text{"飞马座"}}^{\text{M}} > E_{\text{AGM-84E}}^{\text{M}} > E_{\text{APACHE-AP}}^{\text{M}} \\ E_{\text{SLAM}}^{\text{A}} > E_{\text{AGM-158}}^{\text{A}} > E_{\text{KEPD350}}^{\text{A}} > E_{\text{"飞马座"}}^{\text{A}} > E_{\text{AGM-84E}}^{\text{A}} > E_{\text{APACHE-AP}}^{\text{A}} \end{cases}$$

$$(9.57)$$

即

$$\text{SLAM} > \text{AGM}-158 > \text{KEPD350} > \text{"飞马座"} > \text{AGM}-84\text{E} > \text{APACHE}-\text{AP} \quad (9.58)$$

其中 $X > Y$ 表示系统 X 的性能优于系统 Y 的性能。

对比式(9.58)和式(8.10)的结果,可以发现两者排序的结果不一致。原因是:第8章基于 PF 理论的空地导弹系统性能评估方法只关注指标的好坏,未考虑指标好的程度和劣的程度。而基于排序向量和雷达图法的空地导弹系统性能评估方法既考虑了指标的好坏,又考虑了指标好坏的程度,因此得到的结果更加公平客观公正。

9.7　本章小结

本章为科学、合理和直观地评估空地导弹系统的性能,提出了一种基于排序向量和雷达图法的空地导弹系统性能评估方法。首先,提出了基于排序向量法的空地导弹系统性能评估指标权重计算方法;然后,构造了空地导弹系统性能的雷达云图;最后,通过提取指标的扇形面积特征进而解决了传统雷达图法中因指标排序不同导致评价结果不确定的问题。进一步,利用上述雷达图中提取的扇形面积特征设计了空地导弹系统性能评价模型,通过实例验证了基于排序向量和雷达图法的空地导弹系统性能评估方法的正确性和合理性,研究工作为空地导弹系统的作战运用及性能优化提供了科学指导。

缩略语

英文缩写	英文全称	中文名称
A		
A_{RES}	Range Error Spectrum Induced Area	区间误差谱诱导的面积误差谱
A_{DES}	Dynamic Error Spectrum Induced Area	动态误差谱诱导的面积误差谱
AE	Absolutely Error	绝对误差
AEE	Average Euclidean Error	算术平均误差
AEES	Additive Form of EES	代数均值形式的增强误差谱度量
AERE	Average Euclidean Relative Error	算术平均相对误差
AHP	Analytic Hierarchy Process	层次分析法
AES	Area Error Spectrum	面积误差谱度量
AIC	Akaike's Information Criterion	赤池信息量准则
B		
BDSNS	Beidou Satellite Navigation System	北斗卫星导航系统
BM	Bootstrap Method	自助方法
BM-PME	Bootstrap Method-Power Means Error	基于自助法和幂均值误差的误差谱
BIC	Bayesian Inference Criterion	贝叶斯信息准则
C		
CA	Constant Acceleration	匀加速模型
CEP	Circular Error Probability	圆概率误差
CLC	Classification Likelihood Criterion	分类似然准则
CV	Constant Velocity	匀速模型
D		
DES	Dynamic Error Spectrum	动态误差谱

177

续表

英文缩写	英文全称	中文名称
E		
EES	Enhanced Error Spectrum	增强误差谱
EM	Expectation Maximization	最大期望算法
EMM	Error Mode Measure	误差众数度量
ES	Error Spectrum	误差谱
F		
FSLA	Fixed Step Learning Algorithm	固定步长学习算法
G		
GAE	Geometric Average Error	几何平均误差
GARE	Geometric Average Relative Error	几何平均相对误差
GEM	Greedy Expectation Maximization	贪婪的 EM 算法
GMM	Gaussian Mixture Model	高斯混合模型
GNSS	Global Navigation Satellite System	全球导航卫星系统
GPS	Global Positioning System	卫星定位
H		
HAE	Harmonic Average Error	调和平均误差
HARE	Harmonic Average Relative Error	调和平均相对误差
I		
IBM	Improve Bootstrap Method	改进自助法
ICL	Integrated Classification Likelihood	积分分类似然准则
ICOMP	Informational Complexity Criterion	信息复杂度准则
IMRE	Iterative Mid-Range Error	迭代中距误差
L		
LEC	Laplace-Empirical Criterion	拉普拉斯经验准则
M		
MAP	Maximum a Posteriori	最大后验概率
MDL	Minimum Description Length	最小描述长度
ME	Median Error	中位数误差
MEES	Multiplicative Form of EES	几何均值形式的增强误差谱度量
MFP	Missile Flight Performance	导弹的飞行性能
MGC	Missile Guidance Capability	导弹制导能力

缩略语

续表

英文缩写	英文全称	中文名称
MHA	Missile Hit Accuracy	导弹系统命中精度
ML	Maximum Likelihood	极大似然算法
MML	Minimum Message Length	最小信息长度
MMSE	Minimum Mean Square Error	最小均方差
MOPs	Multi-Objective Optimization Problems	多目标优化问题
MP	Missile Power	导弹威力
MPC	Missile Penetration Capability	导弹突防能力
MR	Missile Reliability	导弹可靠性
MRE	Median Relative Error	中位数相对误差
MS	Missile Survivability	导弹生存能力
MSPE	Missile Systems Performance Evaluation	导弹系统性能评估
N		
NEC	Normalized Entropy Criterion	正规化熵准则
P		
PCM	Pitman Closeness Measure	皮式接近度
PME	Power means error	幂均值误差
PINS	Platform Inertial Navigation System	平台惯导系统
R		
REM	Relative Error Mode	相对误差众数
RES	Range Error Spectrum	区间误差谱度量
RMSE	Root Mean Square Error	均方根误差
RMSRE	Root Mean Square Relative Error	均方根相对误差
S		
SINS	Strap-down Inertial Navigation System	捷联惯性导航系统
T		
TOPSIS	Technique for Order Preference by Similarity to Ideal Solution	理想点法
U		
UM	Use and Maintenance	使用和维护性能

续表

英文缩写	英文全称	中文名称
V		
VBP	Variational Bayesians Principle	变分贝叶斯原理
VSLA	Variable Step Learning Algorithm	变步长学习算法
W		
WAEE	Weighed Average Euclidean Error	加权算术平均误差
WESM	Weighted Exponential Sum Method	加权指数和方法
WHAE	Weighed Harmonic Average Error	加权调和平均误差
WGAE	Weighed Geometric Average Error	加权几何平均误差
WPM	Weighted Product Method	加权乘积法
WRMSE	Weighed Root Mean Square Error	加权均方根误差
WSM	Weighed Sum Method	加权和方法
X		
XSD – BM	XSD – Bootstrap Method	基于相关系数的自助重采样方法
XSD – BM – PME	XSD – Bootstrap Method – Power Means Error	基于改进自助–幂均值误差的误差谱

参考文献

[1] 张晓今,张为华,江振宇. 导弹系统性能分析[M]. 北京:国防工业出版社,2013.

[2] LI X R, ZHAO Z L, DUAN Z S. Error spectrum and desirability level for estimation performance evaluation[C]. Proc. Workshop on Estimation, Tracking and Fusion: A Tribute to Fred Daum, Monterey, CA, USA, 24 May, 2007:1 – 7.

[3] EICHBLATT E J. Test and evaluation of the tactical missile [M]. Washington, DC (USA): American Institute of Aeronautics and Astronautics,1988.

[4] LI X R, ZHAO Z L. Evaluation of estimation algorithms – part I: Incomprehensive measures of performance[J]. IEEE Transactions on Aerospace and Electronic Systems, 2006, 42(4):1340 – 1358.

[5] 毛艳慧. 信息融合中估计算法的性能评估理论和算法研究[D]. 西安:西安交通大学,2014.

[6] 尹翰林. 估计性能评估与排序的理论与应用[D]. 西安:西安交通大学,2015.

[7] HOTELLING H. Analysis of a complex statistical variables into principal components[J]. British Journal of Educational Psychology, 1932, 24(6):417 – 520.

[8] ZADEH L A. Fuzzy sets[J]. Information & Control, 1965, 8(3):338 – 353.

[9] 水本,雅晴. ファジイ理論とその応用[M]. サイエンス社, 1988.

[10] WANG P, MENG P, SONG B W. Response surface method using grey relational analysis for decision making in weapon system selection[J]. Journal of Systems Engineering and Electronics, 2014,25(2):265 – 272.

[11] DENG J L. Control problems of grey systems[J]. Systems & Control Letters, 1982, 1(5):288 – 294.

[12] PAWLAK Z. Rough sets [J]. International Journal of Computer & Information Sciences, 1982, 11(5):341 – 356.

[13] LI D Y, LIU C Y, GAN W Y. A new cognitive model: cloud model[J]. International Journal of Intelligent Systems, 2009, 24(3):357 – 375.

[14] THOM R, FOWLER D H. Structural stability and morphogenesis: an outline of a general theory of models[M]. Benjamin, 1975.

[15] BANKES S. Exploratory modeling for policy analysis[J]. Operations Research, 1993, 41(3):435 – 449.

[16] LI Q, CHEN G, XU L, et al. An improved model for effectiveness evaluation of missile electromagnetic launch system[J]. IEEE Access, 2020, 8:156615-156633.

[17] HWANG C L, YOO K S. Multiple attribute decision making methods and applications: a state-of-the-art survey [M]. Berlin:Springer Verlag, 1981.

[18] LUCE R D, RAIFFA H. Games and decisions:introduction and critical surve[M]. New York: Wiley, 1957.

[19] SAATY TH L. Models, methods, concepts & applications of the analytic hierarchy process (second edition)[M]. New York: Springer Science Business Media, 2012.

[20] SAATY TH L, TURNER D S. Prediction of the 1996 super bowl,proceedings of the fourth international symposium on the analytic hierarchy process[C]. Simon Fraser University, Burnaby, B. C., Canada, July 12-15, 1996.

[21] BENAYOUN R, ROY B, SUSSMAN B. ELECTRE: Une méthode pour guider le choix en présence de points de vue multiples[J]. Note de travail 49, 1966.

[22] SAATY TH L, VARGAS L G. Decision making with the analytic network process[M]. New York:Springer, 2006.

[23] CHARBES A, COOPER W W, RHODES E. Measuring the efficiency of decision making units[J]. European Journal of Operational Research, 1978, 2(6):429-444.

[24] LEVIS A H, DERSIN P, MARKEL L C, et al. Large scale system effectiveness analysis [J]. First Annual Milestone Report, September 30, 1977-September 30, 1978.

[25] CHRISTINE M B. Computer graphics for system effectiveness analysis[J]. Massachusetts Institute of Technology, AD-A 173546, 1986.

[26] 魏权龄. 评价相对有效性的DEA方法——运筹学的新领域[M]. 北京:中国人民大学出版社,1988.

[27] KAO L J, LU C J, CHIU C C. Efficiency measurement using independent component analysis and data envelopment analysis[J]. European Journal of Operational Research, 2011, 210(2):310-317.

[28] JAIN S, TRIANTIS K P, LIU S. Manufacturing performance measurement and target setting: A data envelopment analysis approach[J]. European Journal of Operational Research, 2011, 214(3):616-626.

[29] 赵克勤. 集对与集对分析——一个新的概念和一种新的系统分析方法[C]. 全国系统理论区域规划研讨会论文, 包头, 1989, 08.

[30] RUMELHART D E, HINTON G E, WILLIAMS R J. Learning internal representation by error propagation[M]. Parallel Distributed Processing. Exploration of the Microstructure of Cognition. 1986:318-362.

[31] KLEER J D, BROWN J S. A qualitative physics based on confluences[J]. Artificial Intelligence, 1984, 24(1):7-83.

[32] TYAGI T, SUMATHI P. Comprehensive performance evaluation of computationally efficient discrete fourier transforms for frequency estimation[J]. IEEE Transactions on Instrumentation and Measurement, 2020, 69(5): 2155-2163.

[33] ZHANG L, LAN J, LI X R. Performance evaluation of joint tracking and classification [J]. IEEE Transactions on Systems, Man, and Cybernetics: Systems, 2021, 51(2): 1149-1163.

[34] YANG X, ZHANG W A, YU L, Performance evaluation of distributed linear regression kalman filtering fusion[J]. IEEE Transactions on Automatic Control, 2021, 66(6): 2889-2896.

[35] LI X R, ZHAO Z L. Measures of performance for evaluation of estimators and filters[C]. Proc. 2001 SPIE Conf. Signal and Data Processing of Small Targets, San Diego, CA, USA, November 2001, 4473:530-541.

[36] YIN H L, LAN J, LI X R. New robust metrics of central tendency for estimation performance evaluation[C]. Proc. Int. Conf. Information Fusion, Singapore, 9-12 July 2012: 2020-2027.

[37] YIN H L, LI X R, LAN J. Iterative mid-range with application to estimation performance evaluation[J]. IEEE Signal Process Letters, 2015, 22(11): 2044-2048.

[38] ZHAO Z L, LI X R. Two classes of relative measures of estimation performance[J]. Proc. Int. Conf. Information Fusion, Québec City, Canada, July 2007:1432-1440.

[39] ZHAO Z L, LI X R. Interaction between estimators and estimation criteria[C]. Proc. Int. Conf. Information Fusion, Philadelphia, PA, USA, July 2005:311-316.

[40] LI X R, DUAN Z S. Comprehensive evaluation of decision performance[C]. Proceeding of the 11th International Conference on Information Fusion, Cologne, Germany, June 30 - July 3, 2008:1-8.

[41] LIU Y, LI X R. Computation of error spectrum for estimation performance evaluation[C]. Proc. Int. Conf. Information Fusion, Istanbul, Turkey, 9-12 July 2013: 477-483.

[42] MAO Y H, DUAN Z S, HAN C Z. Dynamic error spectrum for IMM performance evaluation[C]. Proc. Int. Conf. Information Fusion, Istanbul, Turkey, 9-12 July 2013: 461-468.

[43] MAO Y H, HAN C Z, DUAN Z S. Dynamic error spectrum for estimation performance evaluation: A case study on interacting multiple model algorithm[J]. IET Signal Process., 2014, 8(2): 202-210.

[44] PENG W S, FANG Y W, DONG C. Enhanced dynamic error spectrum for estimation performance evaluation in target tracking[J]. International Journal for light and Electron Optics, Mar, 2016, 127(8):3943-3949.

[45] PENG W S, FANG Y W, Duan Z S, et al. Enhanced error spectrum for estimation per-

formance evaluation[J]. International Journal for light and Electron Optics, Jun, 2016, 127(12): 5084 – 5091.

[46] PENG W S, FANG Y W, ZHAN R J, et al. Two approximation algorithms of error spectrum for estimation performance evaluation[J]. International Journal for light and Electron Optics, Dec, 2015,127(5): 2811 – 2821.

[47] PENG W S, FANG Y W, YONG X J, et al. Measures for multiple – attribute estimation ranking [J]. International Journal for Light and Electron Optics, 2016, 127(20): 9479 – 9487.

[48] PENG W S, FANG Y W, ZHAN R J, et al. Weapon systems accuracy evaluation using the error spectrum[J]. Aerospace Science and Technology, 2016, 58(9):369 – 379.

[49] LEONDES C T, YONEZAWA K. Evaluation of geometric performance of global positioning system[J]. IEEE Transactions on Aerospace & Electronic Systems, 1978, AES – 14 (3):533 – 539.

[50] SCHWARTZ D. Algebraic analysis of the term logic with choice operator[J]. Mathematical Logic Quarterly, 1981, 27(22):345 – 352.

[51] THOMANN H, LINDSJö G. Data reduction using the least square method[J]. International Journal of Heat & Mass Transfer, 1966, 9(12):1455 – 1461.

[52] BROWN D C. The error model best estimation of trajectory[J]. AD602799,1964.

[53] KALMAN R E. A new approach to linear filtering and prediction problems[J]. J. basic Eng. trans. asme, 1960, 82(1):35 – 45.

[54] CHUI C K, HEIL C. An Introduction to Wavelets[M]. Academic Press, 1992.

[55] HAMPEL F R, RONCHETTI E M, ROUSSEEUW P J, et al. Robust statistics:the approach based on influence functions[M]. New York:Wiley,1986.

[56] 陈希孺. 最小一乘线性回归(上)[J]. 数理统计与管理, 1989, (5):48 – 55.

[57] 陈希孺. 最小一乘线性回归(下)[J]. 数理统计与管理, 1989, (5):48 – 56.

[58] HORRIGAN J T. Configuration and effectiveness of air defense systems in simplified, idealized combat situations – preliminary examination[J]. Office of Naval Technology Office of the Chief of Naval Research, 1990,6.

[59] TAYLOR J H. Handbook for the direct statistical analysis of missile guidance systems via CADET trademark (covariance analysis describing function technique)[J]. Space Telescope Asc Instrument Science Report, 1975, tr – 385 – 2, AD – A013397.

[60] TAYLOR J H, PRICE C F. Direct statistical analysis of missile guidance systems via CADET (trade name)[J]. Direct Statistical Analysis of Missile Guidance Systems Via Cadet, 1974, tr 385 – 1, AD783098.

[61] ZARCHAN P. Complete statistical analysis of nonlinear missile guidance systems – SLAM [J]. Journal of Guidance Control & Dynamics, 1979, 2(1):71 – 78.

[62] KIRBY M R. A methodology for technology identification, evaluation, and selection in conceptual and preliminary aircraft design[D]. School of Aerospace Engineering, Georgia Institute of Technology, 2001.

[63] MAVRIS D N, GARCIA E. Formulation of a method to assess capacity enhancing technologies [R]. AIAA, 2003 - 2677, 2003.

[64] GIRAGOSIAN P. Rapid synthesis for evaluating missile maneuverability parameters[C]. American Institute of Aeronautics and Astronautics 10th Applied Aerodynamics Conference - Palo Alto, CA, U. S. A. , 22 - 24, June 1992: 141 - 147.

[65] MEIDUNAS E C. Estimating elliptical error probable confidence intervals for weapon system performance evaluation[J]. AIAA 2008 - 1623, 2008.

[66] PEZZELLA G. Aerodynamic and aerothermodynamic trade - off analysis of a small hypersonic flying test bed[J]. Acta Astronautica, 2011, 69(3):209 - 222.

[67] DRIELS M R. Weaponeering: conventional weapong system effectiveness, second edition [M]. American Institute of Aeronautics and Astronautics, 2013.

[68] MCSHEA R. Test and evaluation of aircraft avionics and weapon systems[M]. American Institute of Aeronautics and Astronautics, 2010.

[69] GIADROSICH D L. Operations research analysis in test and evaluation[M]. American Institute of Aeronautics and Astronautics, 1995.

[70] FLEEMAN E. Missile design and system engineering[M]. American Institute of Aeronautics and Astronautics, 2012.

[71] OJHA S K. Flight performance of aircraft[M]. American Institute of Aeronautics and Astronautics, 1995.

[72] FILIPPONE A. Flight performance of fixed and rotary wing aircraft[M]. University of Manchester, 2006.

[73] PAMADI B N. Performance, stability, dynamics, and control of airplanes, second edition [M]. American Institute of Aeronautics and Astronautics, 2004.

[74] ZIPFEL P H. Modeling and simulation of aerospace vehicle dynamics[M]. American Institute of Aeronautics and Astronautics, 1997.

[75] ASSELIN M. An introduction to aircraft performance[M]. American Institute of Aeronautics and Astronautics, 1997.

[76] PRZEMIENIECKI J S. Mathematical methods in defense analyses[M]. American Institute of Aeronautics and Astronautics, 1994.

[77] HOLLA M S. On a noncentral chi - square distribution in the analysis of weapon systems effectiveness[J]. Metrika, 1970, 15(1):9 - 14.

[78] TAVANTZIS J, ROSENSTARK S, FRANK J A. Stochastic model of lanchester's equations[J]. Proceeding of The 8 - th MIT/ONR Workshop on C3 System, Cambridge. MA.

June, 1985:135 - 139.

[79] BAO U N. Assessment of a ballistic missile defense system [J]. Defense & Security Analysis, 2014, 30(1):4 - 16.

[80] MON D L, CHENG C H, LIN J C. Evaluating weapon system using fuzzy analytical hierarchy process based on entropy weight[J]. Fuzzy sets and systems, 1994, 62(2):127 - 134.

[81] CHENG C H, MON D L. Evaluating weapon system by Analytical Hierarchy Process based on fuzzy scales[J]. Fuzzy Sets & Systems, 1994, 63(1):1 - 10.

[82] CHENG C H. Evaluating naval tactical missile systems by fuzzy AHP based on the grade value of membership function[J]. European Journal of Operational Research, 1997, 96(2):343 - 350.

[83] CHENG C H, LIN Y, HUNG P Y. Evaluating guided missile destroyer by catastrophe series based on fuzzy scales[C]. IEEE International Conference on Fuzzy Systems. IEEE, 1996:2188 - 2193.

[84] CHENG C H, Lin Y. Evaluating the best main battle tank using fuzzy decision theory with linguistic criteria evaluation[J]. European Journal of Operational Research, 2002, 142(1):174 - 186.

[85] CHENG C H. Evaluating weapon systems using ranking fuzzy numbers[J]. Fuzzy sets and systems, 1999, 107(1):25 - 35.

[86] CHEN S M. A new method for evaluating weapon systems using fuzzy set theory[J]. IEEE Transactions on Systems Man and Cybernetics - Part A Systems and Humans, 1996, 26(4):493 - 497.

[87] CHEN S M. Evaluating weapon systems using fuzzy arithmetic operations[J]. Fuzzy sets and systems, 1996, 77(3):265 - 276.

[88] GU X H, CAO B. The synthetic evaluation of warhead overall efficiency[J]. Journal of Systems Engineering and Electronics, 2003, 14(1):12 - 17.

[89] JIAN W, ZHANG W M. A novel complex - system - view - based method for system effectiveness analysis: Monotonic indexes space[J]. Science in China: Series F Information Sciences, 2006, 49(1):90 - 102.

[90] HAN X M, CHEN J J, JIANG K. Evaluating operational effectiveness of air and missile defense warhead based on LMBP neural Network[J]. Applied Mechanics & Materials, 2012, 192:301 - 305.

[91] 张志明, 王越, 陶然, 等. 基于模糊数均值进行导弹系统性能评价的模糊 AHP 法[J]. 兵工学报, 2001, 22(1):86 - 89.

[92] LI J, MENG T, ZHANG L X, et al. Research on evaluation method used to quality performance of missile weapon based on rough set rule extraction[C]. Eighth International

Conference on Computational Intelligence and Security. 2012:339 – 344.

[93] 韩英宏, 邢晓岚, 陈万春. 空空导弹性能指标体系与评估方法[J]. 战术导弹技术, 2011(3):32 – 37.

[94] 任伟, 熊鹰, 张树龙. 基于网络分析法的舰舰导弹性能评估方法研究[J]. 舰船电子工程, 2012, 32(10):26 – 28.

[95] YANG S, WANG S, XU X, et al. A hybrid multiple attribute decision – making approach for evaluating weapon systems under fuzzy environment[C]. International Conference on Fuzzy Systems and Knowledge Discovery. IEEE, 2014:204 – 210.

[96] CHENG H H, WANG B L, WEI C J, et al. Research of information weapon system performance evaluation based – on DoDAF[C]. 2010 International Conference on Optoelectronics and Image Processing, 2010:193 – 195.

[97] 廉波. 高超声速飞行器飞行性能评估系统设计与实现[D]. 长沙:国防科学技术大学, 2013.

[98] 常中东. 高超声速滑翔式飞行器气动性能分析与评估[D]. 长沙:国防科学技术大学, 2011.

[99] 徐正军. 高超声速飞行器仿真与性能评估[D]. 西安:西北工业大学, 2006.

[100] 徐大军, 蔡国飙. 高超声速飞行器关键技术量化评估方法[J]. 北京航空航天大学学报, 2010, 36(1):110 – 113.

[101] 马卫华. 高超声速飞行器制导与控制性能评估方法[J]. 航天控制, 2012, 30(4):7 – 12.

[102] PITMAN E J G. The 'closest' estimates of statistical parameters[J]. Mathematical Proceedings of the Cambridge Philosophical Society, 1937, 33(2):212 – 222.

[103] YIN H L, LAN J, LI X R. Measures for ranking estimation performance based on single or multiple performance metrics[C]. Proc. Int. Conf. Information Fusion, Istanbul, Turkey, 9 – 12 July 2013:2020 – 2027.

[104] YIN H L, LAN J, LI X R. Ranking estimation performance by estimator randomization and attribute support[C]. Proc. Int. Conf. Information Fusion, Salamanca, Spain, July 2014:7 – 10.

[105] BULLEN P S. Handbook of means and their inequalities[M]. Kluwer Academic, Dordrescht, the Netherlands, 2003.

[106] MAGMUS J R, NEUDECKER H. Matrix differential calculus(third edition)[M]. Chichester:Wiley, 1999.

[107] WILLIAM B. The papers of Benjamin Frankin[M]. New Haven:Yale University Press, 1975.

[108] PARETO V. Manuale di economica politica[M]. Milan:Societa Editrice Libraria. 1906; translated in English by Schwier, A. S as manual of political economy[M]. edited by

Schwier, A. S and Page, A. N. , 1971. New York: Kelley, A. M.

[109] KOOPMANS C. Analysis of production as an efficient conbination of activities[M]. In Activity Analysis of production and allocation. New York: Wileyand & Sons, 1951.

[110] HOLLAND J H. Outline for a logical theory of adaptive systems[J]. Journal of the Association for Computing Machinery, 1962, 9(3):297 – 314.

[111] HOLLAND J H. A new kind of turnpike theorem[J]. Bulletin of the American Mathematical Society, 1969,75:1311 – 1317.

[112] HOLLAND J H. Adaptation in natural and artificial systems: an introductory analysis with applications to biology, control and artificial intelligence [M]. Cambridge: MIT press,1975.

[113] Zhang Q, LI H. Moea/d: A multi – objective evolutionary algorithm based on decomposition[J], IEEE Transactions on Evolutionary Computation, 2007, 11(6):712 – 731.

[114] DEB K, JAIN H. An evolutionary many – objective optimization algorithm using reference – point based nondominated sorting approach, Part I: Solving problems with constranints [J]. IEEE Transactions on Evolutionary Computation, 2014, 18 (4): 577 – 601.

[115] MA X L, LIU F, QI Y T, et al. A multi – objective evolutionary algorithm based on decision variable analyses for multi – objective optimization problems with large scale variables[J]. IEEE Transactions on Evolutionary Computation, 2015, 20(2):275 – 298.

[116] SRINIVAS N, DEB K. Multiobjective optimization using non – dominated sorting in genetic algorithms[J]. Evolutionary Computation,1994, 2(3):221 – 248.

[117] HORN J, NAFPLIOTIS N, GOLDBERG D E. A niched Pareto genetic algorithm for multiobjective optimization[C]. Proc. of the 1st IEEE Congress on Evolutionary Computation,1994, 82 – 87.

[118] LI H, ZHANG Q F. Multiobjective optimization problems with complicatied pareto sets, MOEA/D and NSGA – II[J]. IEEE Transactions on Evolutionary Computation, 2009, 13(2):284 – 302.

[119] MARLER R T, ARORA J S. Survey of multi – objective optimization methods for engineering[J]. Struct. Multidiscip. Optim. , 2004, 26(6):369 – 395.

[120] YU P L, LEITMANN G. Compromise solutions, domination strcutures, and Salukvadze's solution[J]. Journal of Optimization Theory&Applications, 1973,13(3):362 – 378.

[121] MARCHAK J, ZELENY M. Multiple criteria decision making Kyoto [M]. Berlin: Springer – Verlag Berlin Heidelberg, 1976.

[122] CHANKONG V, HAIMES Y Y. Multiobjective decision making theory and methodology [M]. New York: Elservier Science publishing, 1983.

[123] ZADEH L A. Oprimality and nonscalar – valued performance criteria[J]. IEEE Transac-

tion on Automatic Control, 1963,8:59-60.

[124] GEOFFRION A M. Proper efficiency and the theory of vector optimizaiton[J]. Journal of Mathematical analysis and applications, 1968,41:491-502.

[125] BRIDGMAN P W. Dimensional analysis[M]. New Haven: Yale University Press, 1931.

[126] GERASIMOV E N, REPKO V N. Multicriterial optimization[J]. Soviet Applied Mechanics, 1978, 14(11):1179-1184.

[127] CHARNES A, COOPER W W, FERGUSON R O. Optimal estimation of executive compensation by linear programming[J]. Management Science, 1955, 1(2):138-151.

[128] HAIMES Y, LASDON L, WISMER D. On a bicriterion formulation of the problems of integrated system identification and system optimization[J]. IEEE Transactions on Systems Man and Cybermetics, 1971,1(3):296-297.

[129] OSYCZKA A. Multicriterion optimization in engineering with Fortran programs[M]. New York: John Wiley&Sons, 1984.

[130] TSENG C H, LU T W. Minmax multiobjective optimization in structural design[J]. International Journal for Numerical Methods in Engineering, 1990, 30(6):1213-1228.

[131] LI X R. Probability, random signals, and statistics[M]. Boca Raton:CRC Press, 1999.

[132] CASASENT D, PSALTIS D. Scale invariant optical correlation using Mellin transform [J]. Optics Communications, 1976, 17(1):59-63.

[133] BERTRAND J, BETRAND P, OVARLEZ J P. "The Mellin transform," in the transforms and applications handbook[M]. 2nd ed., Poularikas, A. D., Ed. Baco Raton: CRC Press, 2000.

[134] YOON J H, KIM J H. The pricing of vulnerable options with double mellin transforms [J]. Journal of Mathematical Analysis and Applications, 2015, 422(2):838-857.

[135] XIAO B, MA J F, CUI J T. Combined blur, translation, scale and rotation invariant image recognition by radon and pseudo-fourier-Mellin transforms[J]. Pattern Recognition, 2012, 45(1):314-321.

[136] NILSSON L, PASSARE M. Mellin transforms of multivariate rational functions[J]. Journal of Geometric analysis, 2013, 23(1):24-46.

[137] 李晓榕. 估计性能评估专题系列讲座[R]. 西安:西安交通大学信息工程科学研究中心, 2014, 07.

[138] HOLLAND F. On a mixed arithmetic-mean, geometric-mean inequality[J]. Mathematics Competitions,1992, (5):60-64.

[139] KEDLAYA K. Proof of a mixed arithmetic-mean, geometric-mean inequality[J]. The American Mathmatical Monthly,1994, 101(4):355-357.

[140] PENG W S, FANG Y W, CHEN S H. An approximate calculation for error spectrum [C]. In Proceedings of 2015 International Conference on Estimation, Detection and In-

formation Fusion. Harbin, China. January 10 – 11, 2015: 278 – 281.

[141] BECKENBACH E F. An inequality of Jensen[J]. The American Mathematical Monthly, 1946, 53(9):501 – 505.

[142] EFRON B. Bootstrap methods: another look at the Jackknife[J]. The Annals of statistics, 1979, 7(1):1 – 26.

[143] EFRON B. The Jackknife, the bootstrap and other resampling plans[M]. Philadelphia: SIAM, 1982.

[144] QUENODILLE M H. Approximate tests of correlation in time – series[J]. Journal of Royal Statistical Society, B, 1949, 11(1):68 – 84.

[145] TUKEY J W. Bias and confidence in not quite large samples[J]. Annals of Mathematical Statistics, 1958, 29(2):614 – 614.

[146] RUBIN D B. The Bayesian bootstrap[J]. The Annals of Statistics, Jan, 1981, 9(1):130 – 134.

[147] ZHENG Z G. Random weighting method[J]. Acta, Mathematicae, Applicatae, Sinica, April, 1987, 10(2):247 – 253.

[148] GAO S S. XUE L, ZHONG Y M, et al. Random weighting method for estimation of error characteristics in SINS/GPS/SAR integrated navigation system [J]. Aerospace Science & Technology, 2015, 46:22 – 29.

[149] PICHENY V, KIM N H, HAFTKA R T. Application of bootstrap method in conservative estimation of reliability with limited samples[J]. Structural & Multidisciplinary Optimization, 2010, 41(2):205 – 217.

[150] HUNG W L, LEE E S, CHUANG S C. Balanced bootstrap resampling method for neural model selection[J]. Computers & Mathematics with Applications, 2011, 62(12):4576 – 4581.

[151] BHATTACHARYYA A. On a measure of divergence between two statistical populations defined by their probability distributions[J]. Bull, Calcutta math. Soc., 1943, 35:99 – 109.

[152] ALBERS W, KALLENBERG W C M. A simple approximation to the bivariate normal distribution with large correlation coefficient[J]. Journal of Multivariate analysis, 1994, 49(1):87 – 96.

[153] FISHER N I, LEE A J. A correlation coefficient for circular data[J]. Biometrika, 1983, 70(2):327 – 332.

[154] MITCHELL H B. A correlation coefficient for intuitionistic fuzzy sets[J]. Interrnational Journal of Intelligent Systems, 2004, 19(5):483 – 490.

[155] MITCHELL H B. Correlation coefficient for type – 2 fuzzy sets[J]. Interrnational Journal of Intelligent Systems, 2006, 21(2):143 – 153.

[156] LIU S T, KAO C. Fuzzy measures for correlation coefficient of fuzzy numbers[J]. Fuzzy sets and Systems, 2002, 128(2):267-275.

[157] HONG D H, Fuzzy measures for a correlation coefficient of fuzzy numbers under T_W(the weakest t-norm)-based fuzzy arithmetic operations[J]. Information Sciences, 2006, 176(2):150-160.

[158] MCLACHLAN G, PEEL D. Finite mixture models[M]. New York: John Wiley & Sons, 2000.

[159] DEMPSTER A P, LAIRD N M, RUBIN D B. Maximum-likelihood from incomplete data via the EM algorithm[J]. J. Royal Statist. Soc. Ser. B, 1977, 39(1):1-38.

[160] NEWCOMB S A. Generalized theory of the combination of observations so as to obtain the best result[J]. American Journal of Mathematics,1886, 8(4):343-366.

[161] LEHMANN E L. Theory of point estimation[M]. New York: Wiley, 1983.

[162] GELMAN A E, SMITH A F M. Sampling-based approaches to calculating marginal densities[J]. Journal of the American Statistical Association, 1990, 85(410):398-409.

[163] GELMAN A E, KING G. Estimating the electoral consequences of legislative redistricting[J]. Journal of the American Statistical Association, 1990, 85(410):274-282.

[164] REDNER R A, WALKER H F. Mixture densities, maximum likelihood and the EM algorithm[J]. SIAM Review, 1984, 26(2):195-239.

[165] CHENG D, WANG J J, XING W,et al. Training mixture of weighted SVM for object detection using EM algorithm[J]. Neurocomputing, 2011, 49(2):6297-6316.

[166] DONG Y S, MA J W. Bayesian texture classification based on contourlet transform and BYY harmony learning of Poisson mixtures[J]. IEEE Transactions Image Processing, 2012, 21(3):909-918.

[167] TIAN J, MA L, YU W. Ant colony optimization for wavelet-based image interpolation using a three-component exponential mixture model[J]. Expert Systems with Applications, 2011, 38(10):12514-12520.

[168] PEARSON K. Contributions to the mathematical theory of evolution[J]. Philosophical Transactions of the Royal Society of London. A, 1894, 185:71-110.

[169] WELDON W F R. Certain correlated variations in crangon vulgaris[J]. Proceedings of the Royal Society of London, 1893, 54:318-329.

[170] GARDHNO E, HERMAN G T. Superiorization of the ML-EM algorithm[J]. IEEE Transactions on Nuclear Science, 2014, 61(1):162-172.

[171] KULLBACK S, LEIBLER R A. On information and sufficiency[J]. Annals of mathematical statistics,1951, 22(1):79-86.

[172] AKAIKE H. A new look at the statistical identification model[J]. IEEE Transactions on

Automatic Control, 1973, 19(6):716-723.

[173] WINDHAM C S, CUTLER A. Information ratios for validating mixture analyses[J]. Journal of the American Statistical Association, 1992, 87(420):1188-1192.

[174] RISSANEN J. Modeling by shortest data description[J]. Automatica, 1978, 14(5):465-471.

[175] WALLACE C S, FREEMAN D L. Estimation and inference by compact coding[J]. Journal of the Royal Statistical Society(Serices B), 1987, 49(3):240-265.

[176] BOZDOGAN H. Choosing the number of component clusters in the mixture-model using a new informational complexity criterion of the inverse-fisher information matrix[M]. Berlin Springer, 1993.

[177] SCHWARZ G. Estimating the dimension of a model[J]. Annals of Statistics, 1978, 6(2):15-18.

[178] BIERNACKI C, CELEUX G, GOVAERT G. Assessing a mixture model for clustering with the integrated completed likelihood[J]. IEEE Transactions on Pattern Analysis & Machine Intelligence, 2000, 22(7):719-725.

[179] BIERNACKI C, GOVAERT G. Using the classification likelihood to choose the number of clusters[J]. Computing Science and Statistics, 1997, 29(1):451-457.

[180] CELEUX G, SOROMENHO G. An entropy criterion for assessing the number of clusters in a mixture model[J]. Journal of Classification, 1996, 13(2):195-212.

[181] ZHANG Z, CHEN K L, WU Y, et al. Learning a multivariate Gaussian mixture models with the reversible jump MCMC algorithm[J]. Statistic and Computing, 2004, 14(1):343-355.

[182] ESCOBAR M D, WEST M. Bayesian density estimation and inference using mixtures[J]. Journal of the American Statistical Association, 1995, 90(430):577-588.

[183] UEDA N, GHAHRAMANI Z. Bayesian model search for mixture models based on optimizing variational bounds[J]. Neural Networks, 2002, 15(10):1223-1241.

[184] SMYTH P. Model selection for probabilistic clustering using cross-validated likelihood[J]. Statistics & Computing, 2000, 10(1):63-72.

[185] VERBEEK J J, VLASSIS N, KRöSE B. Efficient greedy learning of gaussian mixture models[J]. Neural Computation, 2003, 15(2):469-485.

[186] FRALEY C, RAFTERY A E. How many clusters? Which clustering method? Answers via model-based cluster analysis[J]. Computer Journal, 1998, 41(8):578-588.

[187] BANFIELD J, RAFTERY A. Model-based Gaussian and non-Gaussian clustering[J]. Biometrics, 1993, 49(3):803-821.

[188] UEDA N, NAKANO R, GHAHRAMANI Z, et al. SMEM algorithm for mixture models[J]. Neural Computation, 2000, 12(9):2109-2128.

[189] MA J W, HE X F. A fast fixed - point BYY harmony learning algorithm on Gaussian mixture with automated model selection[J]. Pattern Recognition, 2008, 29(6): 701-711.

[190] FIGUEIREDO M A T, JAIN A K. Unsupervised learning of finite mixture models[J]. IEEE Transactions on Pattern Analysis & Machine Intelligence, 2002, 24(3): 381-396.

[191] UEDA N, NAKANO R. Deterministic annealing EM algorithm[J]. Neural Networks the Official Journal of the International Neural Network Society, 1998, 11(2):271-282.

[192] GREGGIO N, BERNARFINO A, DARIO P, et al. Efficient greedy estimation of mixture models through a binary tree search[J]. Robotics and Autinomous Systems, 2014, 62(10):1440-1452.

[193] WAND M P. Fast computation of multivariate kernel estimators[J]. Journal of Computation & Graphical Statistics, 1994, 3(4):433-455.

[194] MARILL T, GREEN D M. On the effectiveness of receptors in recognition systems[J]. IEEE, Trans, Inform, Theory, Jan, 1963, 9(1):11-17.

[195] KAILATH T. The divergence and Bhattacharyya distance in signal selection[J]. IEEE Transactions on Communication Technology, 1967, 15(1):52-60.

[196] PARDO L. Statistical inference based on divergence measures[M]. Boca Raton: Chapman & Hall/CRC, 2006.

[197] LI J Q, BARRON A R. Mixture density estimation[J]. Advances in Neural Information Processing Systems, 12. Cambridge, MA: MIT Press, 2000.

[198] PEREIRA C, GUILHEM C, XIANG LI, et al. Application of information criteria for the selection of the statistical small scale fading model of the radio mobile channel[J]. International Journal of Electronics and Communications, 2010, 64(6):521-530.

[199] JIANG J, LI X, ZHOU Z J, et al. Weapon system capability assessment under uncertainty based on the evidential reasoning approach[J]. Expert Systems with Applications, 2011, 38(11):13773-13784.

[200] ZHANG J, AN W L. Assessing circular error probable when the errors are elliptical normal[J]. Journal of Statistical Computation and Simulation, April. 2012, 82(2):565-586.

[201] JEROME M, RUDY P, FRANCOIS L G. Missile target accuracy estimation with importance splitting[J]. Aerospace Science and Technology, 2013,25(1):40-44.

[202] 蔡洪, 张士峰, 张金槐. Bayes试验分析与评估[M]. 长沙:国防科技大学出版社,2004.

[203] LI Q M, WANG H W, LIU J. Small sample Bayesian analyses in assessment of weapon performance[J]. Journal of Systems Engineering and Electroics, 2007, 18(3):

545-550.

[204] WALD A. Sequential Tests of statistical Hypotheses[J]. The Annals of Mathematical Statistics, Jun., 1945, 16(2):117-186.

[205] 唐雪梅,张金槐,邵凤昌,等. 武器装备小子样试验分析与评估[M]. 北京:国防工业出版社,2001.

[206] LANGE A S. Semi-physical simulation of guided missiles [J]. Computers & Electrical Engineering, 1973, 1(1):119-120.

[207] CHONG L, PANG Y J, LI Y, et al. Improved S surface controller and semi-physical simulation for AUV[J]. Journal of Marine Science & Application, 2010, 9(3):301-306.

[208] WU Z G, CHU L F, YUAN Z R, et al. Studies on aeroservoelasticity semi-physical simulation test for missiles[J]. Science China, 2012, 55(9):2482-2488.

[209] ROUSSEEUW P J, LEROY A M. Robust regression and outlier detection(1th ed.)[M]. New York: John Wiley & Sons, 1987.

[210] GRANS A, DUGUNDJI J. Fixed point theory [M]. Berlin:Springer-Verlag, 2003.

[211] BOSE S. On the transitivity of the posterior Pitman closeness criterion[J]. Stat. Plann. Infer., June 1998, 69(2):263-274.

[212] KEATING J P, MASON R L, SEN P K. Pitman's measure of closeness:A comparison of statistical estimators[J]. Philadelphia: SIAM, 1993, 36(3):507-507.

[213] GHOSH M., SEN P K. Bayesian pitman closeness[J]. Communications in Statistcs—Theory and Methods, 1991, 20(11): 3659-3678.

[214] VOLTERMAN W,DAVIES K F, BALAKISHNAN N. Pitman closeness as a criterion for the determination of the optimal progressive censoring scheme[J]. Statistical Methodology, 2012, 9(6):563-571.

[215] MORRISON T S. The banach and brouwer fixed point theorems and application[D]. Master's thesis, Morgan state university, 2007.

[216] BAPAT R B, RNGHAVAN T E S. Nonnegative matrices and applications[J]. Cambridge university press, 1997.

[217] 刘利生,吴斌,吴正容,等. 外弹道测量精度分析与评定[M]. 北京:国防工业出版社,2010.

[218] 张国良,曾静. 组合导航原理与技术[M]. 西安:西安交通大学出版社,2008.

[219] HE Y D, CHEN H Y, ZHOU L G,et al. Intuitionistic fuzzy geometric interaction averaging operators and their application to multi-criteria decision making[J]. Information Sciences, 2014,259(3):142-159.

[220] DAğDEVIREN M, YAVUZ S, KILINç N. Weapon selection using the AHP and TOPSIS methods under fuzzy environment[J]. Expert Systems with Applications, 2009, 36(4):

8143-8151.

[221] KEENEY R L, RAIFFA H. Decisions with multiple objectives: preferemces and value tradeoffs [M]. New York: Willy, 1976.

[222] 文仲辉. 导弹系统分析与设计[M]. 北京:北京理工大学出版社, 1989.

[223] 魏毅寅. 世界导弹大全[M]. 3版. 北京:军事科学出版社, 2011.

[224] WANG S J, HOU L, LEE J, et al. Evaluating wheel loader operating conditions based on radar chart[J]. Automation in Construction, 2017, 84:42-49.

[225] WANG Z B, QIN S C. Optimization of matching on torque converter with engine based on improved radar chart method[J]. International Conference on Computer Network, Electronic and Automation, 2017:370-373.

[226] YOON K P, HWANG C L. Multiple attribute decision making: "An introduction" [M]. London: Thousand, Oaks, Sage publications, 1995.

[227] CARPENTER G A, GROSSBERG S, MARKUZON N, et al. Fuzzy ARTMAP: A neural network architecture for incremental supervised learning of analog multidimensional maps [J]. IEEE Transactions on Neural Networks, 1992, 3(5):698-713.

[228] KELLY H H, THIBAUT J W. Experimental studies of group problem solving and process, Gardner Lindzey (ed) [J]. Handbook of Social Psychology, Vol. II (Reading, Mass, Addison-Wesley, 1954.

[229] DALKEY N. An experimental application of the Delphi method to the use of experts [J]. Management Science, 1963, 9(3):458-467.

[230] DALKEY N, Helmer O. An experimanetal study of group opinion the delphi method [J]. Experimental Study of Group Opinion, 1969, 3: 408-426.

[231] MARTINO J P. The precision of Delphi estimation [J]. Technological Forecasting and Social Change, 1970, 1(3): 301-312.

[232] ORLOVSKY S A. Decision-making with a fuzzy preference relation [J]. Fuzzy Sets and Systems, 1978, 1: 155-167.

[233] TAKADA E, YU P L, COGGER K O. A comparative study on engen weight vectors [J]. in Decision Making with Multiple Objective, 1985, 242:388-399.

[234] SPEARMAN C E. The abilities of man: their nature and measurement [M]. New York: the Macmillan Company, 1927.

[235] JAYNES E T. Information theory and statistical mechanics [J]. The Physical Review, 1957, 106 (4): 620-630.

[236] ANDREW B T, LI X S. A maximum entrpy approach to constrained non-linear programming [J]. Engineering Optimization 1987, 12(3):191-205.

[237] SHANNON C E. A mathematical theory of communication [J]. Bell System Technical Journal, 1948, 27 (4):623-656.

[238] LIU H C, YOU J X, YOU X Y, et al. A novel approach for failure mode and effects analysis using combination weighting and fuzzy VIKOR method [J]. Applied Soft Computing, 2015, 28:579-588.

[239] ALEMI ARDAKANI M, MILANI A S, SYANNACPPOULOU S, et al. On the effect of subjective, objective and combinative weighting in multiple criteria decision making: A case study on impact optimization of composites [J]. Expert Systems with Applications, 2016, 46:426-438.

[240] MA J, FAN Z P, HUANG L H. A subjective and objective integrated approach to determine attribute weights [J]. European Journal of Operational Research, 1999, 112(2): 397-404.

[241] ALMEIDA FILHO DE, ADIEL T, et al. Preference modelling experiments with surrogate weighting procedures for the PROMETHEE method [J]. European Journal of Operational Research (2017):S037722171730718X.

[242] BOZóKI S, FüLöP J. Efficient weight vectors from pairwise comparison matrices [J]. European Journal of Operational Research, 2017, 264:S0377221717305726.

[243] PENG W S, et al. Radar Chart for estimation performance evaluation. IEEE access, 2019.07:113880-113888.

[244] PENG W S, FANG Y W, ZHAN R J. A variable step learning algorithm for Gaussian mixture models based on the Bhattacharyya coefficient and correlation coefficient criterion [J]. Neurocomputing, 2017, 239: 28-38.

[245] KOSKO B. Neural networks and fuzzy systems [M]. Prentice-Hall International Inc. 1991, Part2-chapter 7:269-295.

[246] 左军. 层次分析法中判断矩阵的间接给出法 [J]. 系统工程, 1988, 6(6):56-63.

[247] 舒康, 梁镇韩. AHP 中的指数标度法 [J]. 系统工程理论与实践, 1990, 10(1):6-8.

[248] Finan J S, Hurley W J. Transitive calibration of the AHP verbal scale [J]. European Journal of Operational Research, 1999, 112(2):367-372.

[249] 丁俭, 王华. 一种简明的群体决策 AHP 模型及新的标度方法 [J]. 管理工程学报, 2000, 14(1):16-19.

[250] 姚敏, 张森. 模糊一致矩阵及其在软科学中的应用 [J]. 系统工程, 1997, 15(2): 54-57.

[251] 魏巍贤, 冯佳. 多目标权系数的组合赋值方法研究 [J]. 系统工程与电子技术, 1998(2):14-16.

[252] ARINDAMA S. Introduction to matrix theory [M]. New Delhi: Ane Books, 2017.